Hering, Aal und Beifang

– Fischer auf Rügen, Fischland und Darß –

Iwona Knorr und Simone Trieder

Hering, Aal und Beifang

– Fischer auf Rügen, Fischland und Darß –

mitteldeutscher verlag

FISCHLAND ALTHAGEN

DIE COUSINS

Das interessiert doch keinen. Sagt der Mann unterm Birnbaum. Die Blätter rauschen über uns, hier weht fast immer ein Wind. Der Blick geht übers Schilf auf den Bodden, auf dem helle und dunkle Segeldreiecke vorüberstreichen. Der Hausherr in blauer Arbeitshose und Hosenträgern, die Hände am Fernglas. Burckhard Dade weiß, wem welches Boot gehört und wer zum Fischen raustuckert. Es ist Aalzeit. Auch sein Sohn hat Reusen draußen, es lohnt kaum, sagt er. Ist wohl zu warm für den Aal? Nein, bei den Temperaturen fühlt der sich pudelwohl. Sie werden schon als Glasaale weggefangen, hier kommen nur noch wenige an. Die Augen des Vaters sind blau, blau wie das Meer, das er nicht befahren durfte. Er hatte seinen Mitkonfirmanden neidisch hinterher gesehen, die nach Palmsonntag, zu diesem Zeitpunkt endete damals die Schule, loszogen auf die See und – wenn sie zurückkamen – auf die Seefahrtsschule nach Wustrow gingen. Doch viele kamen nicht zurück, jung verschlang sie das Meer. Heute, sagt der Fischer, ist der 147. Geburtstag meines Urgroßvaters, der ist noch um Kap Horn gesegelt. Auch er war jung verstorben, an Schwindsucht, die er sich auf dem Meer geholt hatte. Die Ostsee liegt bergauf in unserem Rücken. Das Land ist schmal an dieser Stelle. Ein Kilometer zwischen Meer und Bodden. Und wird immer schmaler. In den Winterstürmen frisst das Meer am Steilufer, einen Meter im Jahr. Der große Stein, auf dem der Fischer als Kind gespielt hat, liegt heute weit im Wasser. Ganz selten kann man ihn sehen, wenn der Wind mitspielt. In unserem Rücken geht die Straße entlang, die die Badegäste aufs Fischland und den Darß führt und wieder zurück. Blech an Blech blinkt in der Sonne. Hier braucht man Geduld. Die Zeit geht anders unter dem Birnbaum. Hundert Jahre sind hier nicht viel. Die Vergangenheit ist anwesend wie der 147-jährige Urgroßvater. Über ihn könnte der Fischer mit seinem Cousin sprechen, der nur 200 Meter weiter am Hafen wohnt. Aber er kommt nicht mehr und er kann nicht mehr hin. Mit ihm hat er früher gefischt auf dem Zeesboot seines Großvaters. Einer der letzten, mit dem er Platt sprechen kann, konnte, denn nun sehen sie sich nicht mehr. Ich trage Grüße hin und her.

Der Cousin ist Mitte 80. In ausgewaschener blauer Arbeitskombi sitzt Hans Dade in seinem Garten am Hafen. Die kaputten Hände im Schoß. Abgefroren beim Fischen auf Rügen. Drei Worte genügen: Runter von Rügen. Der Cousin liebt Sprüche. Der Garten ist kein Garten, hier lagert Holz, das sortiert werden muss, ein halbes Boot. Er kann nicht mehr, die Frau kann nicht mehr. Die vier Töchter kommen nicht mehr. Dat jeht nicht mehr, aber schön war's doch, sagt er und legt seine kaputte Hand auf meinen Arm. Er weiß schon, dass ich seine Sprüche mag. Da ist sie wieder, sagte er einmal, als ich ihn am Hafen traf. Dort sitzt er im Sommer, schaut dem Treiben im Hafen

zu und wartet auf einen Fischer, von dem er seine „Katzenfische" bekommt. (Fischer haben meist Katzen, selten Hunde.) „Kaufen Sie sich doch ein Haus", riet er mir. „Ich befürchte", antwortete ich, „dafür reicht's nicht." – „Dann gehen Sie doch mal ins Kurhaus in die Skybar und angeln sich 'nen Millionär." Das Dach seines reetgedeckten Hauses ist leck. Der Wind fährt hinein, die Spatzen nisten darin, das ist der Anfang vom Ende. Beim Reparieren ist er von der Leiter gefallen, seitdem geht gar nichts mehr. Ich frage ihn, ob das stimmt, was ich in der Zeitung gelesen hatte, dass die Fische nach dem Laichen sterben. „Wer hat das gesagt?" Ich nenne ihm den Namen des Fischers. „Ach der", sagt er, „der ist doch Münchhausens kleiner Bruder. Obwohl, das nun wieder stimmt, wenn's zu warm ist, sterben die Fische nach dem Laichen."

Obschon sie sich nicht sehen, funktioniert der Buschfunk auf Fischland. Der hat heut nicht viel gefangen, weiß er über den Sohn seines Cousins, den jungen Fischer. Zwei Zander, ein Hecht. Dat lohnt nicht.

Zwischen seinem Garten und seinem Haus geht die Zufahrtsstraße zum Hafen. Ein dickes Auto am anderen, viele mit Berliner Kennzeichen. Vielleicht sollte man es wie auf Hiddensee regeln: keine Autos, schlage ich in der kurzen Pause zwischen zwei Autos vor. „Nein", sagt er, „das geht nicht, dann bleiben die Badegäste weg." Dieser Ausdruck ist geblieben: Die Badegäste. Begonnen hat es mit den Malern. Die Ende des 19. Jahrhunderts das Fischland für sich entdeckten und kolonisierten. Sie zogen die Badegäste nach sich. In dem Wort Badegäste schwingt Achtung mit, mehr noch Distanz, ein Gast kommt und vor allem geht er auch wieder. Doch dieser Gast zahlt und das zählt. Und dass die Gäste baden müssen, ist den Einheimischen heute noch suspekt. Der Fischer sagt: „Ich bin lieber auf dem Wasser als im Wasser." Dass Fischer nicht schwimmen können, ist eine von vielen Legenden. Die Fischer waren oft Seeleute gewesen und Seeleute sollten nicht schwimmen können, damit sie bei einem Schiffsunglück sich nicht so lange quälen müssen, erzählte mir ein Mecklenburger. Ich erzähle das hier lieber nicht weiter. Nachher stellt sich heraus, es ist gar kein richtiger Mecklenburger, sondern ein Isenbahner. Was hat denn der zu sagen, die Familie ist doch erst hundert Jahre hier, heißt es dann. Vor hundert Jahren mit der Eisenbahn gekommen: der Isenbahner. Fast hätte ja auch das Fischland seine Eisenbahn bekommen. Von Barth bis Prerow ging sie schon 1910 bis 1945, die Meiningenbrücke war wegen der Darßbahn gebaut worden. Von der anderen Seite von Ribnitz war eine Kleinbahn geplant, jedoch nie ausgeführt. „Dat jeht nicht mehr, aber schön war's doch."

Die Natur hat das Fischland geschaffen, das kleine Land könnte sogar einem Fisch ähneln. Es beginnt kurz vor Wustrow – dort ging ehemals der Permin ins Meer – und endet in Ahrenshoop am Grenzweg, kurz danach ist eine Straße, die heißt Am Strom. Der Name deutet schon darauf hin, hier gab es mal einen Durchfluss vom Bodden zum Meer, den Loop. Das Fischland war einst eine Insel zwischen einem halben und zweieinhalb Kilometer breit und ganze fünf Kilometer lang. Begrenzt von den beiden Zuflüssen. Wustrow, Barnstorf, Althagen, Niehagen sind die vier Orte des Fischlandes, der höchste Berg ist der Bakelberg, 17,9 Meter hoch. „Bakel", so erklärt es ein Fischer, „war eine Art Seezeichen." Vom Bakelberg kann man beides sehen, das Meer, in dem abends die Sonne in kleine Stücke zerschellt, und den Bodden, wo sie am nächsten Morgen wieder schön rund und rot aus dem Schilf steigt. Die Schiffe auf dem Meer ziehen nach Dänemark, nach Polen, Weißrussland, Lettland, Estland und die Fischer ziehen ihre Netze. Auf dem Bodden fahren sie nach

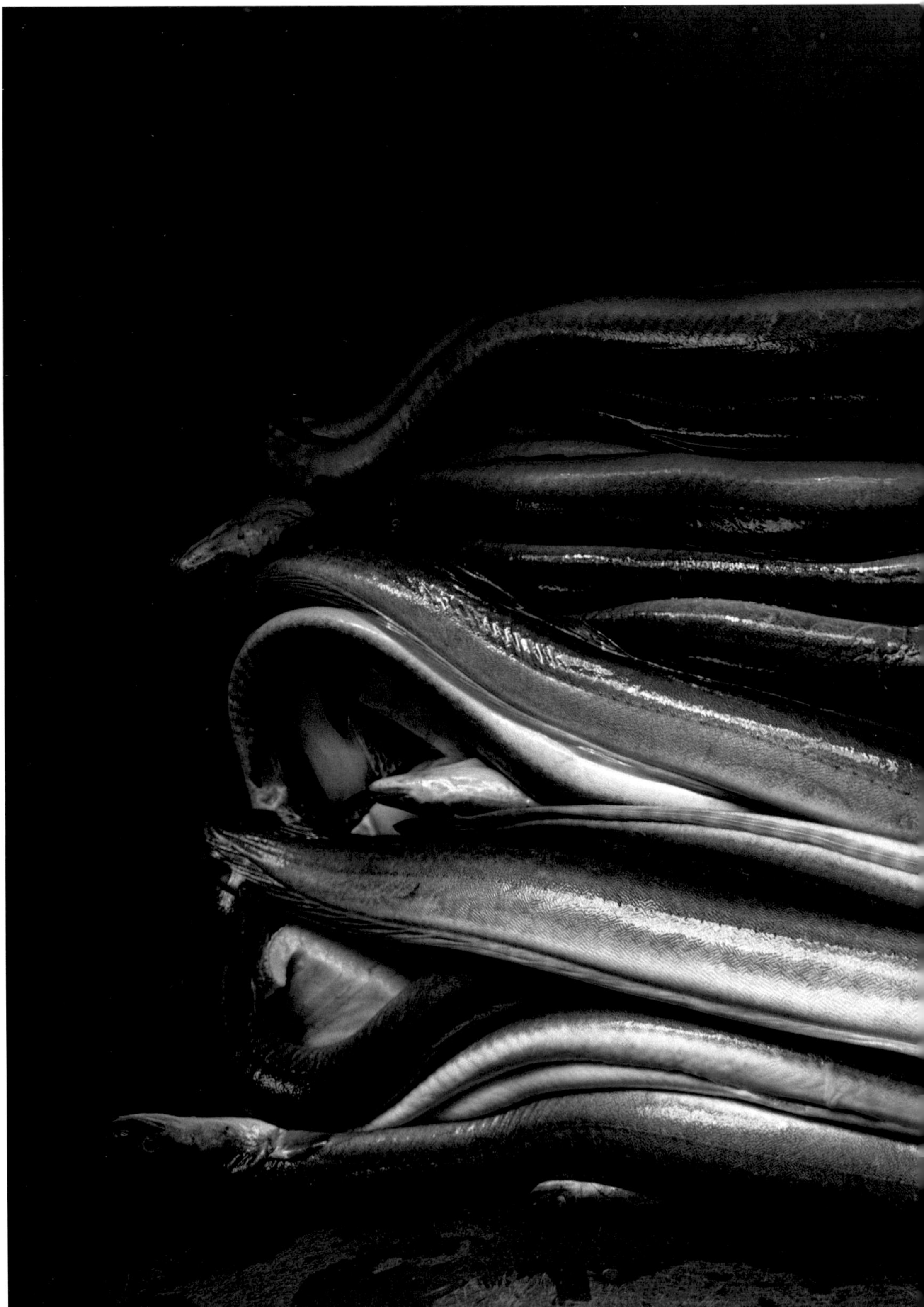

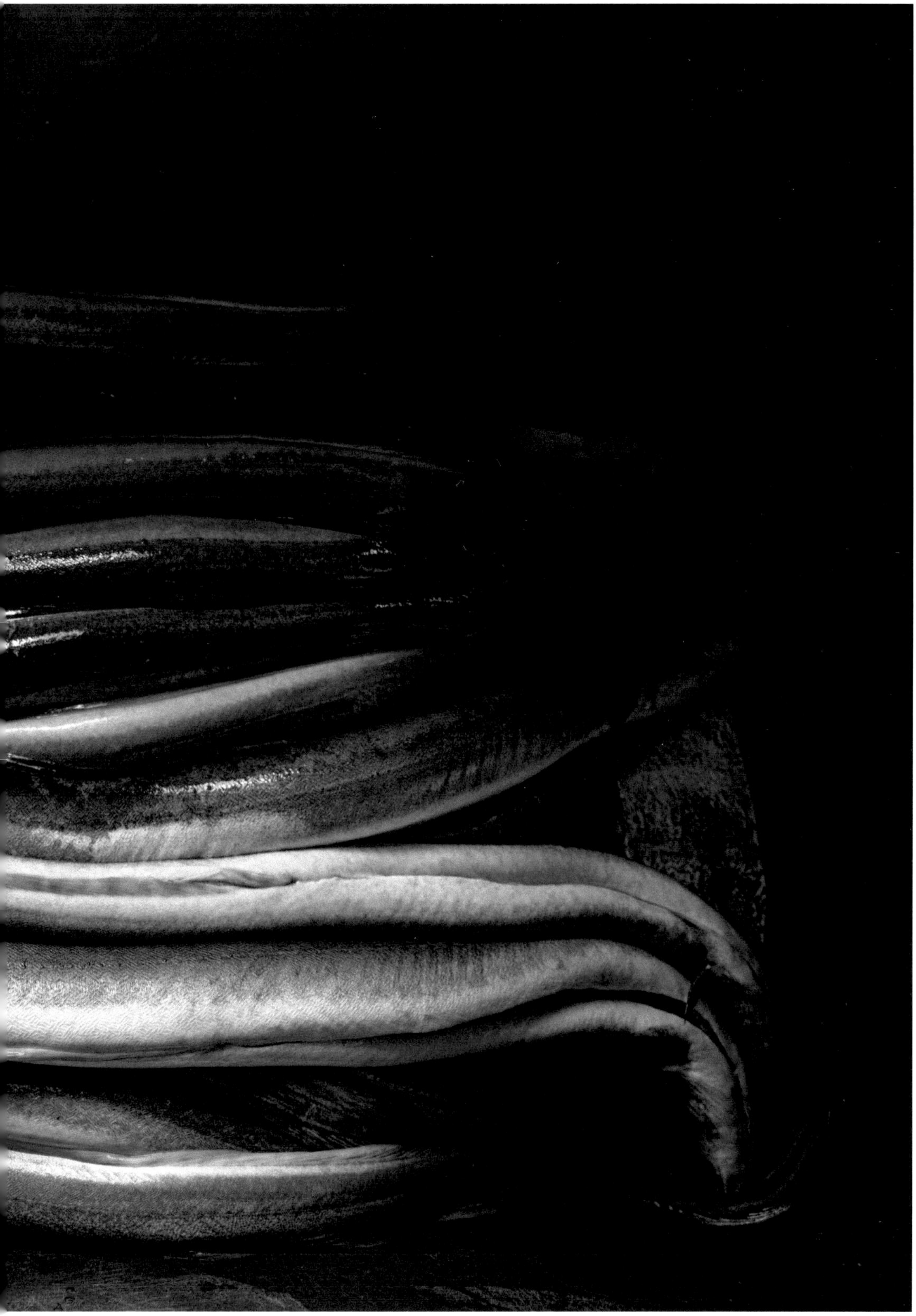

Ribnitz oder nach Barth. Segelschiffe, Dampfer mit Badegästen, Fischer. Das Land lässt sich nicht fassen. Man versucht es so: „Kein Fischländer vertauscht seine Heimat mit einem Bewohner der Schweiz." Nun, das hieße sowieso Äpfel mit Birnen vergleichen – wer gibt schon seine Heimat weg. Selbst wenn die Schweiz als Gipfel aller Landschaften anzusehen wäre – seine Heimat gibt man nicht weg. Gern wird Uwe Johnson zitiert: „Das Fischland ist das schönste Land der Welt." Da lebte er schon in Amerika und hatte Sehnsucht nach dem schönsten Land der Welt. Die Maler zog das Licht an, der Himmel. Die Badegäste das Meer, der Sand. Die Blicke aufs Meer, auf den Bodden. Die Stille. Für die Fischländer selbst ist das karge Land Start- und Zielpunkt zugleich in die Welt und wieder zurück. Jede Fischländer Familie hat mindestens eine Seekiste stehen, die einen Ahnen in die Welt begleitete und kleine Kostbarkeiten mit zurückbrachte. Die über die Weltmeere schaukelte und doch Halt gab mit ihrer breiteren Unterseite und die mit ihrer Bemalung an das Zuhause erinnerte. Sich darauf setzen heißt auf Geschichte sitzen. Die Fischländer verbinden mit dem Meer anderes als die Badegäste. Dies sind die kleinen Imperialisten, die das Meer gern für sich allein haben, am Morgen, wenn sie nackt hineinspringen. Am Tag, wenn sie sich zahme Wellen über die Zehen schwappen lassen, alle Muscheln wegsammeln und sich darauf verlassen, dass das Meer ihnen am nächsten Morgen eine neue Ladung schickt. Und wenn sie es auf Papier, Leinwand und auf Pixel bannen, immer wieder facebooken und nach Hause schicken: Seht, ich bin hier an meinem Meer, an meiner See.

RÜGEN KLEIN ZICKER

DIE BRÜDER

Iwona, die Fotografin, liebt die Herbststürme auf Rügen. An einem solchen Tag macht sie ihre Runde über das Mönchgut. Als sie im Thiessower Hafen niemanden antrifft, wendet sie den Wagen und fährt weiter nach Klein Zicker. Hier im Hafen, der an der Westseite des Zicker Sees liegt, rauscht es viel heftiger als in Thiessow gegenüber. Der Wasserstand reicht bis an die Kaimauer und Wellen ergießen sich über die Mole. Die schwere Dezimalwaage, die die Fischer zum Abwiegen ihres Fanges benutzen, hält dem Wind stand. Doch ihre Gewichtsschale pendelt wild in der Luft. Iwona baut das Stativ auf und schraubt einen leichten Graufilter vor die Linse, um in einer Langzeitbelichtung die Kraft des Windes einzufangen. Als Nächstes nimmt sie sich das braun gestrichene Holzboot, mit dem Namen „Klein Zicker“ vor. Es liegt am Bootssteg befestigt und schaukelt so gewaltig, dass sie auf den Graufilter verzichten kann. Sie richtet die Kamera neu aus und blickt durch den Sucher, um die Schärfe einzustellen. Während sie an dem Einstellring dreht, taucht

KOGA

am Steg eine Gestalt aus der Unschärfe hervor. Iwona hörte den Fischer nicht kommen, der nun mit Händen in den Hosentaschen erstarrt auf sein Boot schaut. Vielleicht hat er dort schon mehrere Minuten gestanden. Dann setzt er sich wieder in Bewegung und läuft den Steg herunter. Als er an Iwona vorbeikommt, spricht sie ihn an: „Haben Sie Angst um Ihr Boot?“ Er schaut sie nicht an und antwortet nicht, läuft zu seinem Schuppen, verschwindet kurz darin und kommt mit mehreren dicken Seilen heraus. In diesem Moment wird ihr nicht nur der Wert des Bootes für den Fischer bewusst. Sie sieht seine Existenz von der Naturgewalt bedroht.

Mario Pleinis, den sie anschließend im Thiessower Hafen trifft, erzählt sie tief berührt von dem Erlebnis. Der Fischer hätte sein Schiff nach Thiessow in Sicherheit bringen können, meint er. Er selbst ist in Klein Zicker aufgewachsen, hat in dem kleinen Hafen noch seinen Schuppen stehen, legt dort aber nicht an. „In zwei Jahren, wenn der letzte Fischer in Klein Zicker aufhört, hat sich der Hafen ohnehin erledigt“, sagt er. Dabei kann er sich noch daran erinnern, wie in dem kleinen Ort am äußersten Ende der Halbinsel zwei Brigaden miteinander konkurrierten. Der Fischerstrand auf der Ostseeseite existiert seit der Wende nicht mehr. Der Hafen am See verfällt allmählich.

Zu Fischern sind die Brüder Pleinis eigentlich durch die Wende geworden. Aufgrund einer Welle vorzeitiger Berentungen mangelte es auf einmal in der Reusenfischerei an Arbeitskräften. Als ausgebildeter Maschinenbauer sprang Mario, damals 29 Jahre alt, ersatzweise als zweiter Mann auf dem Boot seines Vaters ein. In einem Schnellverfahren machte er in Sassnitz den nötigen Abschluss zum Fischwirt. Hochseefischer war er bereits und das Kapitänspatent besaß er auch. Als Holzbootbauer sahen

Detlefs Zukunftsaussichten schlecht aus. Also schloss er sich seinem Bruder an und wurde auch Fischer.

Die Familie Pleinis flüchtete nach dem Krieg aus einem kleinen Ort bei Königsberg in Ostpreußen. Marios Vater wäre Lachsfischer in Kanada geworden, hätte das Schicksal die Fischerfamilie nicht vorher nach Rügen verschlagen. Für Mario und seinen jüngeren Bruder Detlef waren die Hügel von Klein Zicker ihre kleine Welt, in der sie sich unbeaufsichtigt austoben konnten. Keiner der Brüder, beide nun über 50 Jahre alt, hat geheiratet. Im Haushalt ist Detlef fürs Kochen zuständig, was ihn von manch anderer ungeliebter Tätigkeit freistellt. Im Gegensatz zu seinem Bruder ist Mario ein spacker Typ, der sich vorwiegend von Obst zu ernähren scheint. Doch Fisch ist auch in seiner Küche das Gericht Nummer eins: „Gebratenes Barschfilet oder Kochaal sind einfach, schnell und – es schmeckt."

Es ist ein Sonntagmorgen als Iwona die Brüder erstmals im Hafen sah, wie sie ihren Fang ins Auto luden. Die ganze Nacht waren sie auf dem Wasser gewesen – nun sind sie müde. Ihre Aalfänge halten die Fischer geheim. Ob aus alter Gewohnheit, als zu DDR-Zeit dieser fast ausschließlich auf dem Schwarzmarkt existierte oder um die Konkurrenz vom Fanggebiet fernzuhalten. Den Aal haben die Thiessower Fischer immer an der Kreideküste zwischen Sassnitz und Kap Arkona gefischt. Wenn Saison ist, kann man ihre Boote ganz dicht am Ufer entlangfahren sehen. Das Gewohnheitsrecht brachte ihnen nach der Gründung des Nationalparks eine exklusive Sondergenehmigung. „Als nach der Wende der Aalpreis stieg, waren wir dort noch ganz alleine und haben ihn da nur so weggeschleppt. Weder Lohme noch Glowe hatten damals einen Hafen. Also warfen wir unsere Leinen raus, legten uns für zwei Stunden vor Anker und fingen dann direkt mit dem Rein-

holen an. Der Zugaal, der von Wind und Wetter getrieben wird, spielt für uns eine große Rolle. Wenn Ostwind ist, drückt es ihn an die Küste. Bei Windstärke 6, 7 bis 8 setzen wir die Angeln und pokern. Da kannst du sehr gute Fänge haben. Der Nachteil ist nur, dass sich die Schnüre dabei stark verknoten und du hast viel Arbeit im Nachhinein." Mario Pleinis ist ein Fischjäger. Die Einnahmen betrachtet er als einen „netten Nebeneffekt". Das behauptet er zumindest. „Wir leben nur vom Fischfang. Ich mag nicht verkaufen. Ich mag nur fangen." Um seine Quoten zu erhöhen, also mehr fischen zu dürfen, kaufte er das freigewordene Boot THI 44, das von Grund auf renoviert und aufgerüstet werden musste.

Vier oder sechs Stühle stehen entlang der Wände wie in einem Wartezimmer beim Arzt. Neonröhren erhellen den Raum, den man für eine Waschküche halten könnte, stünden da nicht stapelweise Fischkisten in der Mitte. Mario Pleinis sitzt in einer blumengemusterten Schürze am Fenster und „macht die Angeln", wie sie die Langleine für den Aalfang nennen. Stück für Stück zieht er die Schnur durch seine Finger und überprüft sie. Wenn es nötig ist, biegt er den Hacken wieder zurecht und wenn einer gebrochen ist, knüpft er einen neuen an die Leine. Zu seiner Linken sitzt der große Bruder und geht der gleichen monotonen Tätigkeit nach. Bis zum Mittag will jeder eine Leine fertig haben. Das Funkradio gibt gerade den aktuellen Wetterbericht für die Küste durch, als ein Mann durch die Tür tritt. Ein Nachbar und ehemaliger Kollege bringt einen Korb mit Äpfeln vorbei. Nach ihm kommt ein Fischerkollege, dann ein Stammkunde, der nach Flundern fragt. Nach einer Weile sind die Stühle besetzt. Ob es einen spannenden Stoff für eine Unterhaltung gibt oder nicht, die Fischer wollen den Vormittag wach überstehen und sind über die Besucher froh.

Als die Mittagszeit kommt, kündigt Detlef an: „Das Essen ist fertig.“ Es soll – wie immer – Bockwurst geben, meint er schmunzelnd. Die Brüder legen ihre Schürzen ab und gaben den Besuchern zu verstehen, dass ihre Zeit um wäre.

AHRENSHOOP

STRANDFISCHER

Vorbei an den Malven, die bei Sonnenaufgang ihre großen pastellfarbenen Ohren öffnen, um der Noch-Stille zu lauschen, gehe ich ans Meer, das überraschend leise ist, es schwappt nur noch, gleich hört es ganz auf. Nein, natürlich nicht, aber es ist, als latsche es heute etwas gelangweilt an Land. Gutes Wetter zum Einholen der Netze, die am Abend zuvor gesetzt worden sind. Ein Fischer ist draußen, in seinem orangenen Ölzeug auf seinem grünen Boot, mit einem Helfer. Sie stemmen sich schräg nach hinten, ziehen die Netze mit den Fischen ins Boot. Ich habe ein Fernglas in der Tasche. Doch hole ich es nicht heraus, um ihnen so ungeniert bei der Arbeit zuzusehen. Hineinzukriechen in ihr Leben. Bei meiner ersten Begegnung mit diesem Fischer hatte ich erklärt, was wir machen. Es war im Winter. Und lange hatte ich im kalten Nieselregen gestanden und ihm zugeschaut. Er wünschte mir besseres Wetter für den Urlaub. Ich sagte, wir machen hier keinen Urlaub, wir arbeiten an einem Projekt übers Fischen hier. Die eine fotografiert und ich

mach ’nen Text. Da bekam er einen Lachanfall: „’N Text, haha, ’n Text, haha, ’n Text, ’n Text. Hihi, ich mach auch manchmal ’n Text.“ – Ich bin es gewöhnt, dass man meinem Beruf etwas skeptisch gegenübersteht, aber so etwas war mir noch nicht passiert. Ausgelacht. Doch ich war zu diesem Zeitpunkt bereits infiziert, das Thema wichtiger als dieses Ausgelachtwerden. Jaja, Schriftsteller haben immer etwas Verdächtiges, besonders die nicht so erfolgreichen. Die verraten sogar ihre nächsten Angehörigen, um berühmt zu werden. Ein Fotograf ist da was anderes, da gibt’s Fotos und die kann man sich hinstellen. – „Jeder hat doch so seine Geheimnisse“, sagte der Fischer. Also doch ein bisschen geschmeichelt. – „Was hat denn der für Geheimnisse“, sagte wiederum ein anderer Fischer. Und doch, selten rückt ihnen jemand so dicht auf den Pelz und interessiert sich für ihre Arbeit. – „Die jungen, die jungen sollten sich dafür interessieren, aber die spielen lieber Harmonium.“ Er zeigt mit den Fingern, was er meint: Computer. Jetzt zieht er mit seinem Helfer die Netze ins Boot, die er gestern Abend gesetzt hat. Der Wind muss stimmen. Der Wetterbericht bestimmt ihren Alltag, er ist das wichtigste Gesprächsthema. Eine bestimmte Windrichtung, eine bestimmte Windstärke lässt das Fischerherz höherschlagen und strukturiert die Arbeitswoche und schlägt sich auf dem Konto nieder oder in einer alten Pralinenschachtel, in der das Bargeld aufbewahrt wird. Jetzt im Sommer, wenn es so warm ist, müssen die Fische schnell raus und werden noch an Bord geschlachtet. Ein Haufen Möwen umkreist das grüne Boot, ein kreischendes Schaumkrönchen. Das Tuckern des Motors ist bis auf die Steilküste zu hören. Langsam zieht das Boot parallel zum Strand seinen Weg zurück. Einen Hafen gibt es nicht. Der Fischer und sein Helfer steigen aus dem Boot und ziehen es in den Sand. Die Möwen bleiben ihnen auf den Fersen, vielleicht gibt es ja noch etwas. Gleichzeitig kommen die ersten Badegäste,

KHA 1

neugierig und stellen die immer gleichen Fragen. Die der Fischer, seine Arbeit nicht unterbrechend, lachend seine Zähne zeigend, mit wenigen Worten beantwortet. Das Ölzeug und die Gummistiefel bremsen Gang und Bewegungen. Ein Brett vor das Boot, Zurückstapfen, ein zweites Brett vor das Boot, Zurückstapfen, Rundhölzer quer vor das Boot und hinter das Boot gestellt, schieben, vielleicht einen Meter. So holten schon die Wikinger ihre Boote aus dem Meer. Hier in den Dünen dürfen keine Kabel verlegt werden, um per Motor das Boot hochzuholen. Nur eine alte Winde hilft, es per Muskelkraft Stück für Stück auf den Strand zurückzuziehen. – „Die Leute denken ja, wir sind eine Touristenattraktion, aber das ist harte Arbeit“, sagt der Fischer. Im Boot liegt ein Haufen Netze. In den Maschen der Netze stecken die Fische. Es sieht aus wie ein heilloses Durcheinander. Die Augen der Dorsche und Flundern gen Himmel gerichtet. Die Mäuler zucken und schnappen. – Ich bin ein verzauberter Prinz, das hatte einst ein Fischer einem Butt abgelauscht und im „Märchen vom Fischer und syner Frau“ weitererzählt. Das Herauspuken der verzauberten Prinzen geht besser ohne Handschuhe, zumal die Fisch-Prinzen zappeln. Im Winter ist es zu kalt ohne Handschuhe. Klatsch, in die orangene Fischerkiste. Klatsch, Klatsch. Im Boot gibt es auf einer Kiste die erlaubten Längenmaße für die verschiedenen Fische. Ist einer zu klein, Klatsch – zurück ins Meer, die Möwen schießen kreischend herbei.

RÜGEN BAABE

STRANDFISCHER UND KELLNER

Jan Brandt gehört zu den wenigen jungen Fischern auf Rügen. Auch er ist Strandfischer. Auf den ersten Blick sieht man ihm den Beruf nicht an. Er trägt sein langes blondes Haar oft zu einem Zopf zusammengebunden. Sein Körper ist durchtrainiert, die Haut sonnengebräunt. Eine Pigmentstörung im Gesicht macht ihn zu einer interessanten Erscheinung. Im Gegensatz zu seinen Berufskollegen scheint er ein Privatleben außerhalb der Fischerei zu haben. Er kleidet sich modisch, er liebt Hard Rock und es kommt vor, dass er nach einer Party sein Handy nicht mehr findet. „Am Anfang habe ich gedacht, Fischer muss eigentlich leicht sein. Das ist ein Plötz, das ist ein Hecht, das ist ein Barsch. Dann hast du deinen Facharbeiter und gut ist." Erzählt er von seinem Fischerwerden. „Ich habe mir nie vorgestellt, dass es so kompliziert ist: Weiterführung des Landes unter Wasser, Eiweißzersetzung des Fisches, wo sind die Würmer im Rogen von Hering, Fischerei im Atlantik 1965, Latein und dann noch Englisch für das Gemorse und Gefunke." Seine Ausbildung begann

.....harte Arbeit -
karger Lohn.....!

er als einziger Sohn des Fischers Roberto Brandt im Alter von 16 Jahren. Doch bereits mit elf schlich er morgens ganz früh aus dem Haus und ging im Schilf angeln. Sein Vater war stolz, als der Junge einmal mit sechzehn Aalen nach Hause kam. Als er 1995 mit der Ausbildung fertig war, eröffnete sein Vater die Gaststätte „Zum Fischer" am Baaber Bollwerk. „Auf einmal war ich Kellner und musste alles selber machen: aufs Wasser fahren, kellnern, räuchern. Am ersten Tag stand hier eine ganz, ganz lange Schlange. Ich hatte Herzkasper ohne Ende, dass ich das alles nicht schaffe." Zwei Jahre lang hielt er durch. Er stand um drei Uhr auf und fuhr zum Fischen raus. Anschließend tauschte er das Ölzeug gegen eine Schürze und bediente bis zum späten Abend die Gäste. Nebenbei gründete er eine Familie und bekam zwei Kinder.

„Wenn ich auf dem Wasser bin, geht mir keiner auf den Geist. Ich habe keinen über mir und kann alles so drehen, wie ich will. Wenn ich Stress habe, habe ich ihn mir selbst zuzuschreiben. Abends oder morgens wird mir gesagt, was zu tun ist und ich kann mir den Tag einteilen. Wenn ich damit fertig bin, habe ich Feierabend. Manchmal habe ich Pech und brauche 17 Stunden. Manchmal habe ich Glück und bin nach vier Stunden fertig. Manchmal habe ich drei Tage frei hintereinander. Manchmal muss ich ein paar Tage durcharbeiten. Es ist nicht jeden Tag das Gleiche." – Dennoch gibt es Tage, an denen er genug hat. „Wenn es über Winter eiskalt ist, man jeden Morgen aufsteht und hat dann nichts gefangen. Oder wenn ich aufstehe und es ist Dauerregen und ich weiß, dass ich von fünf Uhr morgens bis nachmittags um drei im Regen stehen muss. Noch schlimmer aber ist, wenn du lange Eis hast und nicht rauskommst, und ich mich den ganzen Tag in die Halle stellen muss, Netze flicken. Wenn man viel fängt, sieht die Welt anders aus."

FISCHLAND BARNSTORF

FISCHER UND BAUER

Günter Peters ist 80 Jahre alt, ein drahtiger Mann, der noch Traktor fährt, einzig ein Hörgerät verrät sein Alter. Und natürlich kennt er die Fischerfamilie aus Althagen, von dort bekommt er den Zander, man kennt sich hier. Der Mann hat nicht nur die Geschichte des Fischlands im Kopf, er und seine Familie sind ein Teil von ihr. Die Vorfahren waren stets Bauern gewesen, es gab auch einen Schulzen, einen Bürgermeister, darunter. Die Familie seiner Mutter stammt aus Althagen, auch da ein Schulze dabei. Als die Mutter ein Kind war, vermietete die Familie bereits und Albert Einstein war mehrfach Gast im Haus der Großeltern. Wir schauen aus einem großen Fenster, an dem wir sitzen, auf den Bodden, dessen kurze schnelle Wellen nach dem Land gieren. „In 200 Jahren ist das Grundstück weg", sagt der Bauer. Seine Familie ist wohl die Älteste auf dem Fischland. Das Haus steht seit dem 30-jährigen Krieg. Wir schauen über den Bodden nach Ribnitz. Dorthin fuhren die Bauern und pachteten Wiesen. Seit er denken kann, ist er

mitgefahren zur Ribnitzer Stadtwiese. Für die Kuh, fürs Überleben, da wurde Heu gemacht. Die Verlosung zu Johanni nannte sich Morgensprache, das hat der Vater noch erlebt. Die Fischländer sind zur Morgensprache rübergesegelt, da stand auf der Stadtwiese ein Kuchenzelt und ein Bierzelt und jeder konnte ein Los ziehen, welches Stück Wiese er bekam. Man konnte auch über Land dahin mit dem Pferdewagen, aber das dauerte viel länger als das Segeln. Und wenn das Boot mal schief kam, und der Kaffee zwischen die Suppe schwappte, dann wurde geschimpft. Als er ein kleiner Junge war, fuhr auch ein alter Kapitän mit, der holte ein Stück Brot aus dem Korb und klopfte das Brot auf die Bordkante: „Solang da kein Pötting rut kommt, könn' die dat essen. Solang da keine Würmer rauskommen, können die das essen. Das haben sie früher so gemacht, wenn sie lange Seereisen hatten – die Würmer aus dem Brot gekloppt." Der Bauer lacht bei der Erinnerung, wie sie sich als Kinder geekelt haben und er wiederholt den Satz des alten Kapitäns auf Platt: „Solang da kein Pötting rut kommt, könn' die dat essen." Ein wenig Stolz schwingt auch mit, ein alter Fischländer zu sein. „Die Barnsdorfer hatten da, wo jetzt der Surfplatz ist, ihre Fischerhütte. Und in der Fischerhütte haben sie eine Woche gewohnt und die Heringe auch selbst geräuchert. Die haben sie grün von den Barnstorfern gekauft. Die vier Barnstorfer hatten zusammen eine Reuse. Das war alles festgelegt, wo die Reusen zu stehen hatten. Und die Barnstorfer Reuse hatte einen guten Standort. Die Kärrner aus Leipzig kamen im Frühjahr, wenn die Heringe gefangen werden. Kärrner, der Name kommt vielleicht daher, weil sie mit einem zweirädrigen Karren kamen, den ein Pferd zog." Wenn die Kärrner unterwegs ein Gewitter erwischte, mussten sie umkehren, denn der frisch geräucherte Hering „kippte" bei Gewitter um. Sie kehrten zurück an den Feuerherd oder zur Räucherei und begannen von vorn. Unter einem

See- und Küstenfischer
See- und Küstenfischer
BIRNBAUM & KRUSE
See- und Küstenfischer
EIGENTUM
See- und Küstenfischer
SEAFOOD
BIRNBAUM & KRUSE
EIGENTUM
See- und Küstenfischer
Mecklenburg-Vorpommern
GVSK

Birnbaum in der Nähe des jetzigen Surfplatzes befindet sich der Feuerherd, ein Stein, der an den Anlegeplatz von 1743 der Barnstorfer Fischer erinnert, und vielleicht die Wustrower warnen sollte, hier ihre Reusen auszulegen. Es gab häufig Zwistigkeiten mit den nur wenige hundert Meter weiter benachbarten Wustrower Fischern. Dann musste der Strandvogt aus Ribnitz kommen und die Sache schlichten. Das erzählt mir der Bauer von Hufe III. Ich sitze mit ihm im Wohnzimmer seines Hauses, das fast 400 Jahre alt ist, ein Hochdielenhaus. Die Fuhrwerke fuhren früher bis in die Diele und konnten dort vor Wind und Nässe geschützt abgeladen werden. Heute noch ist es ein langer hoher Flur, von dem Zimmer abgehen. Die Küche und das Wohnzimmer am Ende des langen Flurs haben Fenster mit Blick auf den Bodden. „Quetschen Sie ihn mal richtig aus", sagt die Frau des Bauern, als sie – zunächst etwas verwundert – mich in ihrer mit Holz frisch eingeheizten Stube vorfand. Wir sitzen in dezembernachmittäglicher Dämmerung, bis wir fast nichts mehr sehen. „Hier", zeigt er auf die Wiese vor dem Fenster, „lagen Aale ohne Ende, das kann sich keiner mehr vorstellen." Er erinnert sich an die Zeit unmittelbar nach dem Zweiten Weltkrieg: „Ich weiß, 1945, da hatten wir einen Russen hier, oder kann man das nicht erzählen ... Da kam ein Pferdewagen auf den Hof mit drei Russen und die gingen auf die Diele rauf und guckten in alle Zimmer. An ein Zimmer malten sie eine große Nummer, dann brachten sie eine Nähmaschine an und ein Dolmetscher sagte uns, wir hätten ihn zu verpflegen. Das war ein großer Asiat, der schusterte hier für seine Leute. Einmal saß ich beim Mittag allein mit ihm am Tisch, meine Mutter hatte gekocht, es gab gestopften Aal. Das wissen Sie jetzt nicht, was das ist. Gekochten Aal mit Petersiliensoße. Und dann hatten wir noch ein bisschen Beifang, Plötze und so. Und dann sagt meine Mutter, dem können wir doch kein Plötz geben. Und der kriegte noch zwei Stücken Aal mehr und ich einen Plötz auf den Teller. Da hat er mich angeguckt und langte mit der Gabel den Plötz weg von meinem Teller. Und ich kriegte seine Aale. Die Russen essen keine Aale. Und so bekam er immer den Beifang, den wir hatten."

Während ich in der Dämmerung die graue leicht bewegte Wasseroberfläche sehe, frage ich mich, was mein Gegenüber alles vor seinem inneren Auge hat: die verheerende Sturmflut von 1872, die hier immer noch präsent ist, als wäre sie im vergangenen Jahr gewesen, die Schiffswracks, die er teils selbst beim Pflügen gefunden hatte, die KDF-Dampfer, die vierzehntägig die Gäste von Ribnitz zum Fischland brachten und deren Kurkapelle bis hierher zu hören war, und bevor es Dampfer gab, segelten die Fischländer hier schräg rüber zum Herbstmarkt nach Ribnitz. Nicht nur einmal passierte es, dass sie auf dem Rückweg ertranken. –

Heute ernähren sich die Fischländer von den Badegästen. Auch der Bauer und seine Familie vermieten. Andere verkaufen Land, und wieder andere – Fremde – bauen dort Ferienhäuser. Der Charakter der Fischländer Orte wird verwaschen. Nicht so in Barnstorf. Zwar ist die schmale Straße im Sommer bevölkert, schließlich ist ein Surfplatz in der Südkurve und die Badegäste fahren in Rudeln den Radweg, mindestens bis zur „Grannenhütte", die der Bauer von Hufe III dort errichtet hat. Doch der weite Blick über die Felder und Wiesen bleibt, die übermütigen Lerchen unsichtbar im hohen, weit aufgeschlagenen Himmel, die schmalen Wege von uralten Weiden gesäumt. Die Gegenwart nährt sich aus der Vergangenheit. Keine Gegenwart ohne Vergangenheit. Ach, wozu brauchen wir Goethe. Haben die Fischländer doch ihre Käthe Miethe. Die auf dem Wustrower Friedhof liegt in Nachbarschaft mit Malern und Kapitänen. Die Alten haben sie noch ge-

kannt, trinkfest sei sie gewesen, eine komische Alte. Ein Plan zeigt die Gräber der Maler und Dichter auf, auch das von Käthe Miethe. Eine niedrige Mauer aus Feldsteinen umgibt den Friedhof, der ungefähr den Umriss von Fischland hat, lang und schmal, das „Auge" der Kapitänsfriedhof. Eine Schwingtür führt auf eine Wiese, hinter der nach einem Wäldchen der Seuchenfriedhof beginnt. Diese Landschaft im verschiedenen Fischländer Licht zu sehen, im Winter, im Sommer, zu aller Zeit der Blick geöffnet über die Felder und Wiesen unter den Lerchen hindurch auf den Bodden, der golden schimmert silbern, kupfern; morgens, mittags, abends; im Regen, im Nebel, im Schnee. Diesen Blick noch einmal – könnte der letzte Wunsch manch Fischlandliebhabers sein. Die Fischländer liegen hier für immer ganz selbstverständlich in diesem unglaublichen Licht. Mit ihnen ihre Geschichten, die so flüchtig sind, dass keiner sie fassen kann. Die von den Seeleuten und die von den Fischern, die Käthe Miethe in ihren Büchern erzählt hat. Wie eng die beiden Berufe Seefahrer und Fischer zusammenhängen, erzählt mir Burckhard Dade: „Ja, Fischer und Seefahrer. Der Grundgedanke ist gewesen, immer nach der Schule sind die, die halbwegs fest auf dem Stiel waren, zur See gegangen." Die Schule endete zu der Zeit nach der achten Klasse, nach der Konfirmation. Die Jungs waren 14 Jahre alt. Viele blieben auf See. Die anderen fuhren weiter als einfache Matrosen, auch als sie schon Familien gegründet hatten. Doch schon mit 30 oder 40 Jahren war mit diesem rauen Leben auf See Schluss. Also wurde nun gefischt, um die drei, vier oder fünf Kinder zu ernähren. Meistens hatte schon einer der Verwandten die Fischerei betrieben mit dem Zeesboot oder Strandboot. Gelernt hatten die Fischländer Jungen wie die Darßer, wie die Rüganer, wie wohl fast alle Fischer das Fischen von Kindheit an vom Vater, von den Onkeln, vom Großvater. Unter deren Vorfahren gab es oft auch Seefahrer. Dade wuchs auf dem Zeesboot auf. Er half mit Aussortieren und warf, was nicht zu gebrauchen war, den Möwen zu: „Ich brauchte kein Spielzeug. Das war für mich meine Welt."

In der Wustrower Kirche hängen drei Votivschiffe. Seemänner stifteten diese aus Dankbarkeit, zurückgekommen zu sein. Denn das war nicht selbstverständlich. Einer Chronik, die im Mittelschiff der Kirche ausliegt, kann man entnehmen, dass wohl fast jede Familie des Fischlandes irgendwann mal einen Sohn oder Vater auf See lassen musste: „Das Brausen des Meeres ihr Wiegengesang, die am meisten gehörte Musik und ihr Grabgesang." Wenn die Männer auf See blieben, wurde Zuhause die Tür blau gestrichen, blau als Farbe der Trauer. Die Frauen trugen weiße Kopftücher. Der Post wurde stets mit ambivalenten Gefühlen entgegengesehen. Es konnte ein Lebenszeichen sein oder das Zeichen vom Ende eines Lebens.

In der Chronik gibt es eine Rubrik: „Geläutet und gedankt". In 120 Jahren sind dort 500 Namen eingetragen von Männern, die auf See geblieben sind, viele Peters, viele Dades. Von Sturzseen über Bord gespült, bei Feuer auf Holzseglern umgekommen, aus der Takelage gestürzt, an Skorbut, Malaria, Gelben Fieber erkrankt und nicht genesen. Nicht nur auf hoher See kam man um. Mancher ist „unters Eis gekommen und nicht wiedergefunden". Oder ein unbekannter Körper von der Flut an Land getragen, „der Kleidung nach soll er ein Däne sein". Ihnen allen wurde geläutet und für ihr Leben gedankt.

„Der ist totgeblieben", sagt man auf dem Fischland. Als würde man glauben, wenn jemand tot ist, sei das eine vorrübergehende Erscheinung, der ist zwar gerade tot, aber das wird schon wieder, wie eine Krankheit, die zu heilen geht. Aber wider Erwarten ist er totgeblieben, ist nicht wieder auferstanden wie Christus. Er ist totgeblieben. Vielleicht steckt in dieser

Redewendung die Hoffnung, dass der auf See gebliebene doch noch zurückkehrt. Seit der totgeblieben ist … Das Leben auf dem Fischland war wie ein Komprimat des Lebens überhaupt, eine kurze Version: Von klein an aufs Wasser, mit Fischen spielen, nach der Konfirmation zur See, schon von da an mit der Option, dort zu bleiben. Dann möglichst eine Ausbildung, um gleich wieder auf die See zu gehen. Die Daheimgebliebenen bekommen nur kurze Besuche und kostbare Geschenke, Kinder werden gemacht. Die Alten, die Frauen, die Kinder sitzen zum Feierabend unter dem Hausbaum, meist ein Birnbaum, den ein Vorfahr gepflanzt hat und hoffen, wenn die Birnen geerntet sind auf die Rückkehr des Vaters, des Mannes, des Sohnes.

Wustrow im 17. Jahrhundert Karkdorff (Kirchdorf) genannt, versammelt die entscheidenden Orte des Lebens auf engstem Raum: die Kirche auf einem aufgeschütteten Hügel, darum ursprünglich bis Anfang des 19. Jahrhunderts der Friedhof und zu seinen Füßen der Hafen. In der Kirche: Taufe, Konfirmation, Hochzeit. Im Hafen Ausfahrt – manchmal ohne Rückkehr, Grabstein, wieder Kirche. Geläutet und gedankt.

UNGEBETENE GÄSTE

VERTRIEBENE AUS POMMERN UND OSTPREUSSEN

Martin Pretzel ist 1947 aus Hinterpommern mit seinen Eltern nach Sachsen geflüchtet und ging dort auch einige Monate zur Schule. Sein Lehrer fragte ihn einmal, was er werden wolle, und Martin wusste die Antwort: „Fischer!" – „Du wirst kein Fischer. Hier in Sachsen gibt es keine Fische", erwiderte der Lehrer. Martin kam 1952 auf Rügen und wurde Fischer wie seine Vorfahren aus Hinterpommern.

Zu den alteingesessenen Fischerfamilien an der Ostseeküste gesellten sich nach dem Zweiten Weltkrieg viele Vertriebene aus Pommern, aus West- und Ostpreußen. Sie gelten heute als gute und fleißige Fischer, doch nach dem Krieg waren sie nicht allerorten willkommen. Auch Martin Pretzel wurde von den hiesigen Fischern anfangs nicht akzeptiert. Sie sprachen nicht mit ihm, gaben ihm erst keinen und später einen der schwierigsten Stellplätze. Er setzte dort seine Reuse und hatte bald Erfolg. Das verschaffte ihm Respekt. Er arbeitete sich bis zum Vorsitzenden der Fischereigenossenschaft

„Leuchtfeuer“ hoch und blieb vierzig Jahre lang im Amt. So wie er kämpften viele seiner Kollegen „aus dem Osten“ um ihre Existenz und wurden später geschätzte Kollegen.

Auch Hans Peper aus Thiessow erinnert sich an den schweren Beginn: „Wir hatten keine Reusenplätze, die haben die Einheimischen besetzt. Wir durften nur außerhalb der Reusenplätze angeln. Sie haben uns hier bloß als Konkurrenten gesehen. Als ungebetene Gäste. Sie haben gesagt, einheimisch ist man erst nach drei Generationen. So lange schaffe ich das sowieso nicht.“ Aus dem Mund eines Einheimischen klingt das so: „Die sind noch nicht mal hundert Jahre hier.“ Hans Peper kam 1953 im Alter von zehn Jahren mit seiner Familie von der Kurischen Nehrung auf Rügen. Jeden Tag nach der Schule legte sein Vater ihm Netze zum Ausbessern hin, bevor Hans sich an die Hausaufgaben setzen durfte. Zum Spielen blieb keine Zeit. Sonntags fuhr er mit seinem Vater mit dem alten Ruderboot raus und war stolz darauf, dass ihn kein Wellengang erblassen ließ. Nach der Schulzeit begann er ganz selbstverständlich die Ausbildung zum Fischer in der Fischereifachschule in Sassnitz. Den praktischen Teil, das alte Handwerk, brachte ihm sein Vater bei. Von ihm lernte er auch, wie man Netze knüpft: Masche aufnehmen, Knoten und einmal durchziehen. Seitdem das schwere Baumwollgarn der Netze, das immer wieder in die Sonne zum Trocknen ausgelegt werden musste, durch wartungsfreie Kunstfasern ersetzt worden ist, ist diese Fertigkeit nicht mehr gefragt. Heute führt der Fischer das Netzeknüpfen gelegentlich im Freilichtmuseum Göhren vor.

Die Familie Pagel kommt von Pommern, Westpommern. Nach dem Krieg gehörte ihre Heimat am Vietzgerstrand wie die anderen Gebiete zu Polen und sie mussten sie verlassen. Der Großvater, der bereits den

Sohn angelernt hatte, ließ sich dort nieder, wo er ähnliche Bedingungen vorfand. Auf dem Darß in Prerow. Heute ist sein Enkel Uwe Pagel dort der einzige hauptberufliche Fischer: „Das beste Wetter zum Fischen ist, wenn's viele Fische gibt. Im Sommer natürlich, wenn der Sonnenaufgang so ganz früh morgens kommt, so flau ist, wenn so ein Hochdruckgebiet ist, dann ist der Fisch viel intensiver in der Fresslust, das fischt sich ganz anders, als wenn du Regenwetter hast und Wind. Ich weiß nicht, was ich fange, das ist Glückssache, wenn die Leute kommen und ich habe Fisch, dann haben sie Glück. Ich kauf nichts zu, also ganz, ganz selten. Und wenn nichts da ist, dann müssen sie am nächsten Tag wiederkommen. Dann gibt's wieder Fische."

Ich unternahm mehrere Versuche, diesen Fischer zu treffen. Das Erste, was ich wie Iwona von den Fischern gelernt habe: Geduld, Warten, Nochmalkommen, Nichtaufgeben. Bei diesem Fischer klappt es beim dritten Anlauf. Immer war etwas, eine Lieferung Lachs, die zum Räuchern vorbereitet werden muss, oder die Netze im Bodden geleert werden oder oder. Aber an diesem Sonnabendvormittag soll es klappen. Kurz nach elf trete ich ein. Der Fischer winkt mir stumm zu und nickt in Richtung Radio. Ein Helfer des Fischers zeigt auf eine Kiste, dort soll ich mich niederlassen. Der Raum, vielleicht eine ehemalige Garage, hat Fenster nach zwei Seiten. Davor Tische zum Schlachten, darüber hängt eine lange Reihe verschiedenster Messer und Gerätschaften fürs Filetieren. Hinter mir brummen drei Tiefkühlschränke. An der Wand Kalender, eine nackte Frau und ein Plastikfisch, den ich aus einer Kneipe kenne, der Fisch kann auf Knopfdruck singen und mit der Schwanzflosse wackeln. Der Fischer sitzt auf einem Hocker, auf einem anderen der Helfer, sie lauschen einem rauschenden Mittelwellensender: der Seewetterbericht. Der

17373 Ueckermünde
-Eigentum-

FISCHEREIHAFEN THIESSOW 65 t

Fischer grunzt zufrieden, der Wind kommt aus der richtigen Richtung und hat genügend Stärke, jedoch nicht zu viel – es wird in den nächsten Tagen Fisch geben. Dorsch, Flunder, Köhler, Lachs. Endlich sehe ich einen Menschen, der etwas mit dem Seewetterbericht anfangen kann. Schon als Kind lauschte ich diesen seltsamen unbekannten Worten fasziniert, wie Nachrichten von einem anderen Stern, eine Geheimsprache aus Zahlen und Himmelsrichtungen. Dort spricht man das Wort Ost mit langem O: „Oost. Tief 994 Kola oostsüdoost ziehend. Keil 1030 Nordpolen, 1023 Westrussland, langsam südschwenkend." Im Unterschied zu anderen Nachrichten wird der Seewetterbericht sehr langsam gesprochen mit langen Pausen zwischen den Worten. Damit die Seefahrer das auch verstehen, wenn die Wellen so rauschen oder sie auf dem schwankenden Schiff bei hohem Seegang von einer Ecke in die andere rutschen, so hatte ich mir das als Kind vorgestellt. Genauso geheimnisvoll wie das Tuten des Nebelhorns. Signale und Nachrichten, die ich hörte, aber nicht verstand. Eine andere Welt, die an mir vorbei kommunizierte. Ich hatte großen Respekt vor den Leuten, für die diese Signale und Nachrichten bestimmt waren und die offensichtlich ihr Handeln beeinflussten. „Englischer Kanal Oostteil. Nordoost 6 bis 7, etwas abnehmend. Küstennebelfelder, schlechte Sicht, strichweise diesig! Ijsselmeer, Kattegat, Utsira, Skagerrak, Fischer, Belte und Sund. Nördliche Oostsee, Südliche Oostsee, Südöstliche Oostsee, Westliche Oostsee, zentrale Oostsee, Boddengewässer Oost. Nordoost bis Oost. Stellenweise Eis!" Und jetzt sitzt so ein Mensch vor mir und kommentiert diese Geheimsprache mit einem zufriedenen Grunzen oder Stirnrunzeln. Diese Nachrichten schlagen sich in entsprechenden Bewegungen auf seinem Konto nieder.

Die Fischer aus dem Osten brachten eine neue Fangmethode mit: das Klappern. Die Fischer auf Rügen, Darß und Fischland lernten das

Klappern von ihren Kollegen und wenn es Eis auf dem Bodden gibt, wird heute noch geklappert. „Ja, das Klappern, ist meine Lieblingsfischerei. Ist zwar kalt, aber die Kälte stört mich nicht weiter, man muss bloß die Fische finden. Ist ganz einfach, man fährt aufs Eis, sägt ein Loch hinein. Früher haben sie das mit der Eisechse gemacht, jetzt nimmt man eine Motorsäge und sägt ein Loch, 80 mal 80 Zentimeter. Wir schieben zwei Netze hinein, eins links, eins rechts. Ein Netz ist ungefähr 33 Meter lang, da wird jeweils immer nur eine Hälfte untergeschoben auf beiden Seiten. Am Netz ist eine Schnur befestigt, das Netz sackt natürlich nach unten auf den Grund und die Schur bleibt oben am Eisloch liegen mit einem Korken. Dann haben wir eine Bohle, die ist so vier Meter lang, eine schöne stabile Bohle, die schieben wir ins Eisloch rein. Auf die wird mit Hölzern geschlagen, damit das richtig vibriert im Wasser, dass so die Fische auseinandergescheucht werden. Und anhand der Schnur auf dem Eis kann man sehen, ob Fische im Netz sind. Je mehr die Schnur ins Wasser wandert. Wie das funktioniert? Das ist dieser Druck, die Druckwelle, die von der Bohle ausgeht, wenn man draufhaut, die scheucht die Fische auf. Auch wenn man so ins Wasser hauen würde, oder mit dem Boot langfahren würde, die Druckwelle setzt die in Bewegung, weil die lahm sind durch das kalte Wasser, die sammeln sich ja immer an den wärmsten Stellen im Bodden. In Haufen, in Schwärmen. Manchmal muss man sie erst suchen, die Fische, man muss ungefähr wissen, wo sie sind. Dann fährst du dahin und dann stehen sie da. Wie dick das Eis sein muss: Also, ich bin eigentlich immer der Erste mit. Wenn du mit zwei Axtschlägen, mit der Eisaxt durchkommst, aber richtig mit Kraft gehauen, dann fahr ich schon los. Dann ist meistens 15 Zentimeter dick. Das reicht dann schon."

FISCHLAND ALTHAGEN

UMGELERNT

Ich stehe vor einem Hoftor und klopfe. – „Immer rein“, kommt es von drinnen. Dass hier wie früher alle Türen offen stehen, man einfach hineingeht und sich bemerkbar macht, begreife ich erst später. Ein großer Mann Anfang 30 lehnt an einem Tisch und reicht mir die Hand: „Na, was willst du wissen?“ Tja, wenn ich das selbst wüsste. Das Gespräch dauert immerhin zwei Stunden. Es gibt drei Phasen: die Auskühlung, die Bootsbetrachtung und die Aufwärmphase. Die Auskühlung findet gleich hinter dem Hoftor in einer Art Carport statt, zur Fischerbude umfunktioniert. Über unseren Köpfen schweben verschiedene Reusen. Der Tisch, an dem der junge Fischer lehnt, dient zum Schlachten und Säubern der Fische, daneben stehen zwei Räucheröfen. Ich muss mich erst an das Duzen gewöhnen, dieser große Mann ist kaum älter als mein Sohn. Doch seine helle Stimme mit dem Mecklenburger Dialekt ermuntert mich, auch wenn zurückhaltende Neugier und abwartende Distanz sich die Waage halten. Ich stehe dort, wo er mich begrüßt hat. – Wie wird man Fischer? Doch egal wie unbeholfen meine Fragen sind, Stefan Dade nimmt mich ernst und erzählt gern. Er hat sich vom Mechatroniker zum Fischer umschulen lassen, was nicht verkehrt wäre, so könne er alles, was mit dem Boot zu tun hat, selbst machen. Von der Ausbildung kommen wir zu seinem Ein-Mann-Betrieb, in dem sein Vater mithilft. „1500 Netzmeter. Stellnetze, Oberleine, Unterleine. Maschengröße: Die Masche macht den Fisch. Hauptsächlich Zander im Bodden. Gibt's jetzt im Winter viel, aber wenig Abnehmer. Der Zander bringt das meiste Geld. Und hat wenig Gräten. Barsch und Plötze sind auch sehr gute Fische, aber heute hat ja keiner Lust mehr, die Gräten rauszupulen. Dabei muss man ja nur wissen, wo sie sind, die Gräten, dann sind das schmackhafte Fische." Nach einer Stunde kommt ein älterer Mann in dickem Pullover und mit Seemannsmütze vorbei und begrüßt mich mit freundlicher Neugier: „Bitte deinen Besuch doch ins Warme", sagt er seinem Sohn. Wär' nicht schlecht, denke ich, mir fallen schon langsam die Füße ab. Doch es ist noch nicht so weit. Die Fragen bleiben chaotisch, jetzt ist die Zukunft dran: „In 17 Jahren wäre der Junge so weit", sagt der Fischer, „aber dann gibt's keine Fische mehr, der Drops ist geluscht. Ich mach ja jetzt schon Klimmzüge am Brotkasten." – „Willst du das Boot sehen, noch ist Licht." Natürlich, ich bin froh, mich endlich bewegen zu können. Es geht über ein großes Grundstück hinunter, wir queren den Boddenweg und gelangen ins Schilf. Den Boddenweg bin ich oft gegangen oder mit dem Fahrrad gefahren und habe neidisch in die Schilfgrundstücke geschaut, in denen die Wäsche lustig an Leinen flattert, wo eine Schaukel an einem alten Baum hängt, mich aber meist das Schild „Privat" hindert, sie zu betreten, was die Sehnsucht vergrößert. Das Schilf wächst in den Bodden, das Land, das hier entsteht, gehört dem Fiskus. Als es den Austausch mit

dem Meer noch gegeben hat, war hier kein Schilf, das ein Zeichen für Brackwasser ist. Das Schilf wurde früher im Winter gemäht, gelagert und für die Reetdächer verwendet. Jetzt raschelt es im Wind, gemäht ist nur der Streifen, der zu dem kleinen privaten Hafen führt. Ein weißes Boot leuchtet uns in der einsetzenden Dämmerung entgegen. Es ist neu, vor einem Jahr angeschafft, es trägt das Kennzeichen, das verrät, dass es sich hier um einen hauptberuflichen Fischer handelt, und einen Namen: Waterküken.

Auf dem Weg zurück zum Haus liegt ein Häuschen mit Giebeldach, dort empfängt mich Wärme, endlich. Ich bekomme den Platz zugewiesen, die Seekiste, die im Laufe der folgenden Begegnungen mein Platz wird. Der junge Fischer holt Bier, ich glaube, ich habe bescheiden abgelehnt. Er setzt sich auf ein altes Sofa, auf den Platz, auf dem später stets sein Vater sitzen wird. Die Aufwärmphase beginnt: „So, nun stell die Fragen, ich hab' nicht ewig Zeit." Der Raum ist nicht groß. Zwei Werkbänke, auf der einen liegen Zeitschriften und Bücher, die andere ist ordentlich aufgeräumt. Zu unseren Füßen liegt ein Haufen Netze. Neben dem Sofa zwei Spinde, an einem klebt das halbmetergroße Foto einer nackten Frau in Stiefeln. Viele Kalender mit Segelschiffen. An der Werkbank neben mir hängen lange Gummistiefel, der Schaft geht bis zum Schritt. – „Erst eine warme Unterbüx", sagt der Fischer, „dann zwei Paar Socken, Pullover, Ölzeug und Gummistiefel, das braucht man jetzt schon im Winter." – „Darf ich eventuell, vielleicht mit raus?" Keine Chance. Aber zusehen beim Ausfahren und beim Heimkommen. – „Das ist was anderes", sagt der Fischer, „aber da musst du früh aufstehen." Ich lockere mich, eine schöne Aussicht! „Was ist mit dem Kalender", frage ich und nicke zu einem großen, völlig unberührten Adventskalender von Lindt hin. Es ist bereits Mitte Dezember. – „Nichts für mich", antwortet der Fischer, „wenn da ein Kotelett drin wär', das wär' was anderes." Das ist eine gute Gelegenheit nach Aberglauben zu fragen. – „Na, immer mit dem rechten Fuß zuerst aufstehen, das ist schon wichtig. Aber sonst. Doch, der Freitag, der hat sein besonderes Wetter. Und ganz besonders am Freitag, den 13."

Es ist ein Freitag, ein 13. Dezember. Ausgerechnet. Trotzdem darf ich, wie ausgemacht, zusehen, beim Ausfahren und beim Zurückkommen der Althagener Fischer. Um halb acht soll ich da sein. Dick eingepackt, es ist kalt, zwar noch kein Frost, aber Nieselregen. An der Hoftür klopfe ich nun nicht mehr, sondern rufe einfach: „Bin da!" – „Immer rein!", ertönt die helle Stimme des jungen Fischers: „Schon wach?" – „Sogar schon Kaffee getrunken", antworte ich. Wir gehen ins das Fischerhäuschen, wo der alte Fischer am Radio sitzt, er hat eben den Wetterbericht gehört: Der Wind ist gut. Die Stellnetze bleiben über eine bestimmte Zeit am gleichen Fangplatz. Die Fische, die Zander, die der Wind dort hineingetrieben hat, werden täglich geholt. „Der Wind bewegt den Fisch." Bei der Kälte ist er träge. Im Winter kann man auch einen Tag auslassen, da die Fische dennoch frisch bleiben. Wie werden sie herausgeholt? Sie fahren zum Fangplatz, der Alte an der Pinne. Der Junge klemmt die Oberleine unter den Arm und pukt den Fisch, der sich mit den Kiemen darin verfangen hat, heraus. Deshalb die Maschengröße. Die Masche ist auf Zander. Die kleineren Fische schlüpfen durch, die größeren schwimmen zurück. Meist leben die Fische im Netz noch. Die Althagener sagen „puken" für das Herauslösen der Fische, die anderen, wenige hundert Meter weiter, sagen „pulen". Wir warten in dem Fischerhäuschen. Worauf? Dass es heller wird. Der junge Fischer schaut aus dem Fenster, das auf den Bodden geht: „Schietwetter, heller wird's nicht." – Es ist inzwischen nach acht Uhr und immer noch dämmrig. Die Fischer kleiden sich an. Wathose, dar-

NRE

über das Ölzeug, Gummistiefel, Wollmütze, Handschuhe. In einem Handkarren werden die orangenen Fischkisten gestapelt. Die beiden zockeln los und ich trotte hinterher. Die Wiese hinunter, über den Boddenweg, in den Schilfweg bis zum Hafen, wo das neue weiße Boot wartet. Einige Kisten werden in das Boot gehievt, ein Korb mit kleiner Verpflegung, Kaffee vielleicht. Der Motor wird angeworfen. Er pumpt das Wasser aus dem Boot, dann stakt der alte Fischer das Boot aus dem Schilf. – Bis dann, wir melden uns, ruft der junge Fischer mir zu. Ich lausche dem tuckernden Motor, wie er sich längst aus Sichtweite in Nebel und Nässe entfernt. Mir ist jetzt schon kalt und ich kehre zurück zum Künstlerhaus, wo ich in der warmen Küche voller Achtung daran denke, dass die beiden jetzt vielleicht am Fangplatz sind und die Fische aus den Netzen puken. Um halb elf Uhr erreicht mich der Anruf, sie kehren gleich zurück. Es ist immer noch nicht hell, es regnet. Ich stehe am Ufer im Schilf und friere. Ich höre das Tuckern des Bootes, das sich langsam nähert. Die orangen gekleideten Fischer in geduckter Haltung darin. Kein Wort beim Anlegen. Ich weiß nicht, was ich sagen soll. – „Ich hab' mir schon Sorgen gemacht, ist schließlich Freitag." – „Ja", sagt der alte Fischer, „auch noch Freitag, der 13." Langsam legen sie an, die Kette für den Anker rollt. Der alte Fischer steigt aus und schlägt die Arme um sich. Kalt. Reibt sich die Hände. Der junge Fischer macht das Boot fest. Dann hievt er die Kisten aus dem Boot: 50 Kilo, ganz anständig, hoffentlich werden wir das los. Ich folge den beiden mit dem Handkarren auf dem Schilfweg und über die Wiese in das Fischerhäuschen, wo sie mit steifen Fingern das Ölzeug ablegen.

Es sind vielleicht fünf Grad und es regnet weiterhin. Unter dem Carport ist es wenigstens trocken. In den Kisten rappelt es. Hauptsächlich Zander, ein paar Barsche, ein paar Plötzen werden sortiert. Mehr Fisch als Kunden. Also wird als Erstes telefoniert: „Könnt ihr Zander gebrauchen? Aber heute noch!“ Eine Katze findet sich ein, bettelt. – „Psycho, du kommst als Letztes dran“, wird ihr beschieden. Sie setzt sich auf die Treppe des Wohnhauses, legt den Schwanz, Geduld demonstrierend, um sich und schaut zu. Als Erstes kommen die Zander weg, die er als Ganze los wird. Immer weniger Gaststätten haben die Zeit und das Personal, die Fische selbst fertig zu machen. Dann werden unsere Fische geschlachtet, die wir am Abend verspeisen wollen. Licht und Radio an, ein Bier aufgemacht. „Hejhej, mach keine Faxen“, spricht der Fischer mit dem Fisch, der sich aus der Kiste gerappelt hat. Er landet auf der blanken Metallplatte des Tisches. Ich staune über die Augen: wie Glas, wie Perlen, als würden sie von innen leuchten. „Die können ja auch in der Nacht gucken“, sagt der Fischer. Mit einem kräftigen Schlag auf den Kopf beginnt er das Schlachten. Am Bauch aufgeschnitten, die Eingeweide werden sichtbar: „Hier kannst du noch das Herz schlagen sehen.“ – Die Eingeweide kommen in einen Eimer unter dem Tisch. „Hier ist ein Rogenstrang. Die Schwimmblase ist zu sehen, aber nicht mehr ganz, der Fisch ist jetzt noch zu weich – als Kinder haben wir die getrocknet. Gib mal die Bürste. Das geht jetzt nur mit Handschuhen, sonst kannst du die nicht greifen. Das Blut muss ab.“ Jetzt werden die Flossen abgeschnitten, das muss schon eine gute Schere sein, eine extra Flossenschere, man hört die Gräten an den Flossen kräftig knacken. Der Fischer faltet eine Flosse auseinander. „Guckt mal, wie schön die dunklen Punkte auf der dünnen Haut. Die haben wir früher manchmal getrocknet.“ Mit einem scharfen Gerät werden die Schuppen abgeschabt, sie spritzen durch die Gegend, auch an meine Jacke. „Nein, die lass ich dran“, sag ich, „die bringen Glück!“ – „Ein bisschen klein, die Zanderschuppen. Aber du wirst lachen, ich habe auch eine Glücksschuppe im Portmonee, aber eine große vom Karpfen, sonst lohnt sich das nicht. Wie viel willst du nehmen, wie viel Leute seid ihr? Mit Kopf? Richtig so, da sind noch die Bäckchen dran, die sind das Beste."

RÜGEN GAGER

VATER UND SÖHNE

Sechs blaue Bojen ragen regungslos aus der glatten Wasseroberfläche und posieren wie auf einer matten Glasscheibe vor der Kamera. Iwona kniet am Rand der Kaimauer in Gager und beeilt sich, weil sich der Nebel bereits allmählich auflöst. Die Sichtweite dehnt sich aus und gibt immer mehr Hintergrund frei. Leise stockende Motorgeräusche schrecken Iwona auf. Ein Fischkutter steuert den Hafen an. Als hätte er sie gerufen, packt Iwona die Ausrüstung zusammen und geht dem nahenden Boot entgegen. Es ist fast bis an den Rand mit Heringen gefüllt. Kaum angelegt, springen die Männer aufs Land, holen mehrere Stapel bunte Plastikkisten heran und fangen sogleich damit an, den Fang zu verladen. Die Arbeit geht ihnen schwungvoll von der Hand. Sie scheinen überaus zufrieden zu sein und erlauben das Fotografieren. Es machte Iwona Freude, sich zu den Männern zu gesellen, die Linse ganz nah an die im Netz hängenden Fischköpfe heranzuzoomen und zu versuchen, die Leichtigkeit, mit der die vollen Kisten auf die Kairampe gehievt werden, einzufangen. Als mittags die letzten glitzernden Fischschuppen vom Bord gespült sind, ist die Speicherkarte voll mit Bildern. Iwona steigt in den Wagen mit dem Gefühl, etwas gefunden zu haben, was sie fesselt und neugierig machte. Am nächsten Tag kommt sie wieder nach Gager, macht Fotos, beobachtet, wie Kunden kommen und gehen, und bemüht sich zu verstehen, worüber sich die Fischer miteinander unterhalten. Sie sprechen laut genug und nicht im Dialekt. Doch sie reden in einer Geschwindigkeit, der sie nicht folgen kann. Das schnelle Reden passt zu ihrem Arbeitstempo und offenbar lassen sie manche Wörter oder Wortteile einfach weg, um die Weitergabe von Informationen zu beschleunigen. Dass sie es auch anders können, bemerkt Iwona bei ihrer ersten Fahrt mit dem „Seeadler" zu den Netzen. Thomas Koldevitz und seine zwei ältesten Söhne sind mit am Bord. Sie fahren um drei Uhr morgens vom Hafen in Gager los. Es ist kalt, nass und windig. Da es im Steuerhaus zu eng ist, zieht Iwona sich auf das Deck zurück. Nach etwa anderthalb Stunden Fahrt geht das Licht der Scheinwerfer an und das Motorgeräusch flaut ab. Langsam nähern sie sich den Bojen, die die Netzenden markieren. Thomas bleibt am Steuer, während seine Söhne das Ölzeug anziehen und sich für die Arbeit bereit machen. Unterdessen packt Iwona die Kamera aus. Bevor sie zu fotografieren beginnt, versucht sie den Arbeitsablauf zu erfassen, um dann vorausschauend in dem entscheidenden Moment abzudrücken. Die Brüder gehen systematisch vor, ziehen kräftig die Leinen heran und hieven die vollen Netze auf das Deck. Als alle Netze eingeholt sind, geht der Scheinwerfer aus, das Ölzeug wird abgelegt, der Schweiß von der Stirn gewischt. Die Rückfahrt wird angetreten. Es ist unmöglich, auf dem Deck Platz zu nehmen. Also drängen sie sich alle vier zusammen im Bootshaus. Der Vater reicht jedem ein Brot und eine Tasse heißen Tee. Gesprochen wird nur

NÄCHSTE
ANLANDUNG
DIE SEENOTRETTER
Tag
Samstag
Zeit
10.00 Uhr

das Nötigste. Die jungen Männer versuchen sogleich den versäumten Schlaf nachzuholen, der Kapitän und Iwona starren wortlos auf das Navigationsgerät, bis es allmählich heller wird. Bei Sonnenaufgang erreichen sie den Hafen. Schon mit vier Jahren fuhr Florian mit seinem Vater Fischen, also seit 18 Jahren regelmäßig. Sandburgenbauen, Fußballspielen und mit anderen Jungs Kräfte messen, waren in der Kindheit wohl weniger sein Ding. Heute ist er 22 Jahre alt und geht lieber angeln als zur Disko. Das Fischen ist sein Beruf und Hobby zugleich, sagt er und scheint in seinem Leben nichts zu vermissen. „Man steht morgens um drei Uhr auf, oder halb vier, man fährt raus, macht seine Arbeit, seine zehn bis zwölf Stunden am Tag, manchmal 15, im Herbst zum Beispiel, wenn wir Dorsch haben. Freizeit und Weggehen ist da wohl eher schwierig. Im Winter haben wir mehr Zeit, aber da müssen die neuen Netze gemacht werden, die alten müssen nachgeguckt werden, ob sie in Ordnung sind und ob man sie wieder verwenden kann." Nie ist Iwona aufgefallen, dass er bestimmte Arbeiten lieber als die anderen verrichtete oder sich von einer Aufgabe drückte. Auch im Umgang mit Kunden, die täglich vor der Hütte am Bootssteg auf den fangfrischen Fisch Schlange stehen, legte er sich über die Jahre offene Freundlichkeit zu. Er grüßt, macht den Fisch auf Wunsch küchenfertig, verpackt ihn in eine Plastiktüte, bedankt sich für den Einkauf und wünscht einen schönen Tag. „Wenn wir davon leben wollen, müssen wir unseren Fisch für die Leute mundgerecht machen." Nur ein einziges Mal erlebte Iwona ihn anders. An einem überraschend heißen Tag im September kam sie Fisch kaufen. Die Dorschsaison hat wieder begonnen und sie freute sich auf eine üppige Fischmahlzeit nach einer langen Pause. Dass sie an diesem Tag nicht mit gewohnter Herzlichkeit begrüßt wurde, störte sie erst einmal nicht. Ungewöhnlich fand sie jedoch die Wortlosigkeit, mit der die Fischer die schweren Kisten mit Dorsch vom Bord trugen und vor dem Schuppen stapelten. Die einheimischen Stammkunden liefen wie verloren umher und mieden den Blickkontakt. Der Fischverkauf fand an diesem Nachmittag nicht statt. Erst einige Tage später bekam sie beiläufig eine Erklärung für diese schlechte Stimmung. „Hering wird schnell weich. Also nur eine Nacht dürften die Netze draußen stehen, Flunder und Dorsch halten auch zwei bis drei Nächte, wenn es kalt ist, im November und Dezember. Wenn das Wasser wärmer wird und anfängt zu blühen – man sieht es, wie das Wasser grün wird von den Algen – dann sterben die Fische. Dann müssen wir den Fisch schnell holen. Neulich hatte das Wasser 24 Grad, kein Sauerstoff, keine Wasserbewegung, kein Wind. Der ganze Fang ist totgegangen."

Neben den natürlichen Vorgängen, die ihre Arbeit zunichtemachen können, haben die Küstenfischer mit bürokratischen Hürden zu kämpfen. „Heutzutage kriegen wir immer mehr Vorschriften, immer mehr Zettel, die wir ausfüllen müssen von der Fischereiaufsicht", berichtet Florian. „Das Neueste ist, dass sie angefangen haben, uns Punkte zu vergeben, die nach Flensburg gehen, sodass man sein Patent verlieren kann." Punkte gibt es für Alkohol am Steuer, fürs Fischen in unerlaubten Bereichen und wenn zu kleine Fische mitgenommen werden. „Das machen wir sowieso nicht, weil wir in der Stellnetzfischerei kleine Fische aussortieren. Die gehen wieder rein, die großen behalten wir. Fische, die gerade in der Schonzeit sind, lassen wir wieder frei. Beifang packen wir extra." Der Gedanke, dass es irgendwann mit der Küstenfischerei auf Rügen vorbei sein könnte, schwebt in der Luft. Einen anderen Beruf als den des Fischers kann sich Florian jedoch für sich nicht vorstellen. „Aquakultur wäre nicht mein Fall. Es ist ja nur Fischaufzucht. Für mich ist es ein Unterschied wie Tag und Nacht." Auf einem großen Trawler zum Fischen rausfahren, wäre für ihn eine denkbare Alternative. Insgesamt schaut Florian optimistisch in die Zukunft und sagt: „Solange sie uns den Greifswalder Bodden nicht sperren oder unsere Fanggeräte verbieten, können wir von der Fischerei leben und alles ist gut und schön."

DAS GOLD DER OSTSEE

TONNENABSCHLAGEN

„Als ich 1959 angefangen habe, gab es hier kaum Hering. Lange nicht. Erst 1970 ging es mit dem Hering wieder gut. Früher waren mal schlechte und mal bessere Jahre in der Fischerei. Es war immer schon so", erinnert sich Joachim Damp, der als Fischer in sechster Generation die Familientradition fortsetzt. An einem heißen Sommernachmittag sitzen der Fischer und die Fotografin am Gartentisch hinter dem Haus der Familie Damp. Die alten Obstbäume spenden einen wohltuenden Schatten. Der Fischer legt mehrere Ordner in die Tischmitte, schlägt einen auf und beginnt zu erzählen. Auf der ersten Seite klebt ein Bild von einem Mann mit der Unterschrift: „Martin Damp, geboren 1766". Er war einer von den 14 Fischern aus Baabe und Alt Redevitz, die, kurz nachdem sie sich aus der Leibeigenschaft vom Fürsten zu Putbus freikauften, das Dorf Neu Reddevitz gründeten. „Das waren hier Fischer-Bauer. Jeder hatte auch noch eine kleine Landwirtschaft, eine Kuh und ein Schwein." Bis heute bauen die Damps in einem kleinen Garten das Gemüse für den Eigenbedarf an. „Am Anfang konnte Hering nur geräuchert oder gesalzen werden. Sonst war er nicht haltbar. Noch vor dem Zweiten Weltkrieg war es mit der Salzung aber vorbei und das Salzhaus haben wir dann als Lagerschuppen benutzt. Nach dem Krieg war es gut. Gute Jahre. Der Fisch wurde am Strand direkt verkauft. An Einheimische und Urlauber. Es wurde in der Kommune zusammen gefischt. Im Herbst setzte man die großen Kumreusen. Früher war das alles Baumwolle und so schwer. Das konnte man mit zwei Mann oder allein gar nicht befischen. Man brauchte mehrere Leute. Wir haben die Arbeit auf zehn Mann verteilt. Die Älteren kriegten die leichtere Arbeit und die Jüngeren die schwere. Das war das Gesetz einfach. Die Dorfgemeinde hatte einen Bürgermeister mit Sekretärin, einen kleinen Lebensmittelladen, eine Gastwirtschaft, einen kleinen Saal zum Tanzengehen und eine Schule." Zu DDR-Zeiten war der Fischerberuf recht lukrativ. Der Staat sorgte für Absatz und gute Preise. Die Fischer galten als reich, fuhren dicke Autos, bekamen die schönsten Frauen und ernteten viel Neid. Als die Wende kam, kippte alles. „Es kamen neue Gesetze. Die Erfahrungen, die die Fischer jahrhundertelang gemacht haben, wurden umgekrempelt. Da wurde der Fisch dermaßen wenig bezahlt. Die Älteren, die 55, 56, 57 Jahre alt waren, die konnten alle in den Ruhestand gehen. Vier oder fünf von uns haben auf einen Schlag aufgehört. Sie haben sich das alles nicht mehr angetan. Mit Peter und noch einem haben wir noch ein paar Jahre weitergemacht. Heute sind nur noch zwei Fischer da. Das Dorf hat keinen Laden, keine Schule, keine Wirtschaft mehr. Nur noch die alten Häuser sind da." Joachim Damp hält in seinen Ordnern die Dorfgeschichte fest. Die Fotos zeigen, wie in den 1970ern Wasserleitungen gelegt und die Dorfstraße gebaut wurden, das Dorf im schweren Winter 1979 und die Schäden nach dem Wirbelsturm und wie

der Seetang für die Bettmatratzen am Strand getrocknet wurde. „Mit 57 konnte ich aufhören, weil ich das schon so lange gemacht hatte. Dann konnte Mathias anfangen. Er hatte Tischler gelernt. Da habe ich noch gefischt. Zwei Mann in einem Haushalt, das ging nicht. Er konnte im Prinzip alles. Er hatte sowieso alles mitgemacht. Er hatte Interesse und ist jetzt mit Leib und Seele dabei." Mathias wohnt mit seiner Frau und drei Kindern zusammen mit den Eltern in einem Haus. Auf seiner Website findet sich eine sehr poetische Beschreibung seines Jahreslaufs: „Wenn der Greifswalder Bodden aus seinem Winterschlaf erwacht, beginnt für mich die Heringssaison. Dann bekommen Sie, von Ende Februar bis Anfang Mai, täglich frischen Hering. Der Hering wird hauptsächlich mit Stellnetzen gefischt und per Hand aus den Netzen gepukt. In den Monaten April und Mai bietet die Ostseeküste eine Delikatesse, den Steinbutt. Und wenn der Vilm grün ist, der Raps blüht und der Rhabarber schmeckt, dann wird der Hornfisch gefischt. Das ist der Fisch mit den grünen Gräten. In den Sommer- und Herbstmonaten fische ich Flundern und Dorsch. Manchmal fange ich auch andere Fische in meinen Reusen (z. B. Lachs, Hecht, Barsch, Aal und manchmal sogar Zander). Auch im Winter wird gearbeitet, es werden Netze neu eingestellt, Reusen repariert und manchmal, wenn der Bodden zugefroren ist, gehe ich auch Eisfischen." Mathias strahlt vollkommene Ruhe aus. Wann immer Iwona ihn trifft, wirkt er so vertieft in seine Tätigkeit, dass sie meinte, auf Zehenspitzen um ihn herumgehen zu müssen, um ihn nicht aufzuschrecken. Sie erlebte ihn schweigsam und unzugänglich. Nicht, dass er ablehnen würde, beobachtet und begleitet zu werden. Er war an der Fotografin und ihrem Tun nicht interessiert. Eines Tages sucht sie den Fischer und es wird ihr gesagt, dass sie ihn in einem Stall beim Netzreparieren antreffen könne. Am Rande eines winzigen Dorfes, dessen Name auf keiner Inselkarte zu finden ist, befand sich bis zur Wende ein landwirtschaftlicher Betrieb. Die Stallgebäude, seit Jahren nicht bewirtschaftet, verfallen. Das Dach ist bis zur Hälfte bereits eingestürzt. Ein Dickicht aus wilden Sträuchern nimmt die Ruine in Besitz. Zum Eingang führt ein schlammiger Weg, der nicht leicht zu finden ist. Der rote Transporter im Tor zeigt an, hier ist jemand. Nach dem langen Winter sind die zwei übrig gebliebenen Reddevitzer Fischer damit beschäftigt, die Netze durchzusehen. Das Baumwollgarn ist an vielen Stellen durch Mäuse und ihre Nester beschädigt. Nachdem das Salzhaus, in dem die Fischer über Jahrzehnte ihr Fanggeschirr lagerten, an einen zugezogenen Privatmann verkauft war, mieten sich die Zwei in dem alten Stall ein. Das bisschen Dach ist alles, was ihr Hab und Gut noch schützt. Schon lange haben sie aufgehört, sich zu beklagen. Sie scheinen sich mit dem Gedanken versöhnt zu haben, dass gute Zeiten nicht mehr kommen werden. Ob sie weitermachen oder es auch sein lassen – das Ende der Küstenfischerei ist in Sicht.

Übrig geblieben von der Heringsfischerei – und inzwischen zur Touristenattraktion geworden – ist das Tonnenabschlagen. Ein eigenartiges Fest, das ich erstmals in einem Mecklenburger Ferienlager erlebte, wo ich in den 1980ern eine Schülergruppe betreute. Obwohl es damals mit Fahrrädern statt auf Pferden durchgeführt wurde und obwohl ich natürlich nur als Zuschauerin „meine" Jungs anfeuerte, faszinierte es mich. Ein geschmücktes Holzfass hing in einem Tor, die Jungs fuhren mit den Rädern eine große Runde und schlugen jedes Mal, wenn sie unter dem Holzfass durchfuhren, mit einem Knüppel daran, bis der Boden heraussprang. Der dies schaffte, hieß Bodenkönig und wer das letzte Stück Holz abschlug, wurde Tonnenkönig. Dieses Fest sollte an das Ende der Schwedenherrschaft erinnern, an die entsprechende Mengen Heringe abzuliefern war. Vielleicht war es auch das, was mich anrührte, es war noch DDR-Zeit und die Mecklenburger erinnern an das Ende der Schwedenherrschaft, die lag ja an die 180 Jahre zurück. Vielleicht witterte ich als DDR-Bürgerin in diesem Aufstand gegen eine Herrschaft eine Art Widerstand. In den Sommern 2014 und 2016 verfolge ich als Zuschauerin das echte Tonnenabschlagen in Born. Badegäste sind ausdrücklich erwünscht, bleiben aber Zaungäste. Selbst einer der Reiter wird fast wie ein Ausländer begrüßt, obwohl er seit Jahren im Ort wohnt und aus dem zehn Kilometer entfernten Wustrow stammt. Doch zugutegehalten wird ihm, dass er ein Fischersohn ist. Am Sonntag des Tonnenabschlagens in Born beginnt das Spektakel am frühen Morgen, die Blaskapellen leisten den Tag über ganze Arbeit. Mal ferner, mal näher hört man sie, sie begleiten die Reiter durch den Ort und beim Stäbenkönig und beim Tonnenkönig des Vorjahres gibt es ein Frühstück oder Frühschoppen? Oder bei dem einen das eine und dem anderen das andere? Man sagt, Tonnenkönig sein sei eine teure Angelegenheit, schon deshalb habe mancher, als das Fass dem Ende zuging, absichtlich danebengehauen.

An den Höfen und Wohnhäusern der Reiter, sie nennen sich Tonnenbrüder, flattern blau-weiße Wimpel. Nein, keine bayrischen Rhomben, sondern klar nebeneinander, ein blauer Wimpel, ein weißer, ein blauer, ein weißer, das pommersche Weiß-Blau. Der Ort summt vor Spannung, immer wieder ist die Blasmusik zu hören, immer wieder fragen sich Badegäste zum Festplatz durch. Dort reiten am Nachmittag die Tonnenbrüder ein, die Blaskapellen dürfen auf festlich geschmückten Wagen sitzen. 2016 sind bei den knapp 30 Reitern zwei Frauen dabei: Silke und Wibke, heißen sie nun Tonnenschwestern? Die 5 000 Zuschauer, Einheimische und Gäste, haben sich das Warten auf den Einmarsch mit Grillwürstchen verkürzt, mit Kuchen und meterlangen Gummischlangen, und natürlich mit Bier. Für die Kinder gibt es Luftgebilde, Polizeihubschrauber oder, dem Anlass entsprechend, fliegende Pferdchen. Ein Festplatzsprecher, man sagt, es sei der Bürgermeister, heizt die Spannung an, versprüht Festplatzwitze, die nicht vertragen, aufgeschrieben zu werden. Ohne die Stimmung des Platzes, ohne den hellen Klang des Ortsdialektes würden die Sprüche platt, bierselig, frauenfeindlich. Keinem auf dem Platz ging das gegen den Strich. Es sind flüchtige Sprüche, der Situation entsprechend, sie nehmen die Stimmung auf und werden von vielen Leuten belacht oder mit Gegensprüchen bedacht, ein sprachliches Häkelwerk dieses einen Nachmittags im Jahr. Luftmaschen. Ah – und endlich kommen sie: Der Hauptmann vornweg auf einem stolzen Rappen und ein weißer Federbusch wippt gegen den blauen Himmel. Die Kapellen auf den Leiterwagen und die Tonnenbrüder und -schwestern, festlich gekleidet mit weißen Hemden, Männer wie Frauen, mit den schmückenden Accessoires Schlips oder Schärpe und einer Rose an der Schiffermütze. Die Pferde sind mit Kränzen aus Immergrün behangen, Eichenlaub und Buchsbaum, kleine Blumensträußchen am Zaumzeug. Alle werden einzeln begrüßt, ihre Würden benannt, auch die ihrer Väter und Großväter. Die Könige und inzwischen auch Königinnen kommen oft aus traditionsreichen Familien, Großvater, Urgroßvater waren nicht selten auch schon Könige gewesen, was den Druck im neuen Jahr erhöht. 2010 und 2011 gab es in Wustrow zwei Tonnenköniginnen nacheinander. 2012 eine Tonnenkönigin in Althagen. Die Reiter stellen sich vor dem Sprecherturm auf, die mit Eichenlaub geschmückte Tonne wird hochgezogen und vom Hauptmann mit dem Knüppel justiert, dann ruft er drei Mal „Gut Schlag". Die Reiter heben ihren Knüppel, fast einen Meter lang, in den Himmel und antworten, gemeinsam mit dem Publikum. Nun stellen sich die Reiter im Halbkreis auf, mit dem Rücken zur Tonne. Einer nach dem anderen wendet das Pferd, bringt es auf

kurzem Weg in Galopp, hebt den Knüppel und haut an die Tonne. Bald lösen sich die ersten Dauben – das Fass hat ein Tischler aus dem Ort angefertigt und etwas präpariert, sonst würde das Vergnügen möglicherweise bis Mitternacht dauern. Die Frauen schlagen genauso heftig wie die Männer. Manch ein Knüppel bricht eher als das Fass, die Begleiter des Reiters halten Ersatzknüppel bereit. Haut einer daneben, gibt's entsprechende Sprüche, fällt einer in den Sand, wird nicht mit Häme gespart. Der „Sandkönig" muss tief in die Tasche greifen, die Tonnenbrüder und -schwestern erwarten am Abend Freigetränke von ihm. Fällt die letzte Daube, wird der Stäbenkönig gekürt. Inzwischen sind die Kinder, die zu Fuß unter ihrer Tonne durchlaufen, fertig und die kleinen Könige dürfen zu den Großen aufs Pferd und eine Ehrenrunde mitreiten. Sie grüßen majestätisch mit der linken Hand. Nun wird es hart, denn den Boden und vor allem das Kreuz abzuschlagen, dauert. Schlag um Schlag. Der Sprecher-Bürgermeister muss das Publikum wachhalten, doch irgendwann steigt die Spannung, wenn die letzten Holzstücke durch die Luft fliegen. Und nun ist es auch Glück, wer den letzten Schlag tut und nur noch das leere Seil im Tor baumelt. Der Tonnenkönig wird gefeiert, erhält die Schärpe vom vorjährigen König und, so liest man es – ein Fahrrad. Nicht alle Fischer können reiten, dennoch gibt es unter den Tonnenkönigen viele Fischer. Wolfgang Kafka in Born, der als zweites Standbein einen Reiterhof aufbaute, war neun Mal Tonnenkönig. Er ist einer der wenigen Fischer, der eigentlich gern einen anderen Beruf ergriffen hätte, Bäcker oder Koch. Doch sein Vater, der Fischer, überzeugt den ältesten Sohn seiner insgesamt neun Kinder: „Wir müssen Geld verdienen." Trotz Genossenschaft war der Fischer in der DDR sein eigener Herr: „Man konnte davon leben. Der Fisch ist zu uns gelaufen, heute muss man dem Fisch hinterherlaufen." Schon als Lehrling war er am Fang beteiligt. Er hat in

Sassnitz Hochseefischer gelernt, fuhr auch mit nach Skagerrak und Kattegat. Und später mit Vater und Bruder im Greifswalder Bodden auf Hering, im Jasmunder Bodden auf Aal, dann Zander. „Das ganze Jahr ging immer durch. Da gab's nicht Sonnabend, Sonntag. Aber wir haben auch gutes Geld verdient."

Das erzählen eigentlich alle Fischer. Manches klingt märchenhaft: „Mit den Kumreusen haben sie so viel Aal jedes Jahr geholt, dass der Aal über Bord gesprungen ist, so voll geladen waren die Boote und wenn der Sommer kam, sind sie mit der weißen Mütze als Kapitän a. D. über die Strandpromenade gegangen und haben sich gesonnt." Erzählt Hans Peper in Thiessow auf Rügen über erfolgreiche Kollegen zu DDR-Zeiten. Er selbst bekommt wie die meisten Fischer trotz 45 Jahren Berufstätigkeit eine Rente, die allein nicht für den Unterhalt reicht. In der Saison vermietet er Ferienwohnungen. Und fischt weiter. Wenn der Wind günstig steht, fährt er mit seinem geteerten Boot hinaus und wirft Netze, Reusen oder Angelhaken raus. Was er hereinholt, verkauft er an die ortsansässige Gastronomie. Bis auf die Aale, die zunächst eingefroren werden. Wenn nach mehreren Tagen eine gewisse Anzahl zusammengekommen ist, wird der Ofen hinterm Haus mit gut abgelagertem Buchenholz angeheizt. Für das Aroma streut der Fischer zwischendurch eine Handvoll Holzgemisch dazu, dessen Zusammensetzung geheim ist. Obwohl man inzwischen fertige Teile kaufen kann, stellt Hans Peper bis heute die Aalketten in traditioneller Bauart her. Anstatt der schweren Metallbügel, die auf den Boden fallen können, nimmt er Fichtenäste. „Wenn man an jedem zweiten Bügel ein Stück Bleirohr befestigt, schwimmen die Bügel aufrecht im Wasser und kippen nicht", preist er die Vorteile des Materials und nimmt dafür den großen Aufwand in Kauf. Als Iwona den Fischer einmal im

Dezember besucht, kommt er gerade aus dem Wald und bringt einige Fichtenzweige mit. Damit bessert er die Bügel seiner Aalreuse aus. „Dafür werden nur gut biegsame Zweige genommen, die von ganz unten." Es muss aber noch ein kleiner Zipfel Grün dran sein. „Ich entrinde sie, schneide schräg die Enden an und verbinde sie dann zu einem Bügel." In seiner Armeezeit holte er sich in der Kaserne eine Sondergenehmigung und nähte während der Freizeit zwischen Abendbrot und Nachtruhe die ersten Reusen, die er später zusammen mit seinem Vater einsetzte.

Rügen Lauterbach

URLAUB

Unsere Familie war in den 1960er-Jahren jedes Jahr an der Ostsee auf Rügen, genau genommen am Greifswalder Bodden in der Stresower Bucht. Mit der Bahn fuhren die Eltern mit uns drei kleinen Kindern über Nacht vom Harz bis an die See. Der Zug endete für uns am Haltepunkt Seelvitz, den Ort gab es schon lange nicht mehr. Von dort ging es zu Fuß nach Groß Stresow. Das Gepäck kam per Bahnpost ein paar Tage später und wurde mit dem Handwagen vom Haltepunkt Seelvitz abgeholt. Der Strand in Stresow war schmal mit einem Streifen Tang, das war der erste Geruch, der zweite der nach Teer. Denn dort am Strand lag „mein" erstes Fischerboot, ein schweres dunkles Boot, in dem wir herumkletterten und alle Stresower Gerüche aufsogen: Teer, Fisch, Tang.

Vielleicht gehörte das Fischerboot der Fischerfamilie Engelbrecht in Lauterbach, denn die Vorfahren von Jens Engelbrecht fischten auch im benachbarten Stresow. Er ist Fischer in fünfter Generation. In dem klei-

nen Ort Lauterbach, inzwischen zu Putbus eingemeindet, gab es noch 1988 knapp 30 Fischer. „Urlaub? – Hatte ich gestern und heute. Vor zehn Jahren ging es der Fischerei noch gut. Da konnte ich vierzehn Tage Urlaub machen. Spanien, Türkei, Griechenland, habe ich mir angeguckt. Heute bin ich zufrieden, wenn ich mal Zuhause bin. Füße hoch, zum Strand Baden fahren. Ich freue mich immer auf den Winter, wo alles zufriert und man nichts machen kann. Nur mal nach dem Schiff gucken und das ein bis zwei Monate lang."

Jens Engelbrecht erinnert sich an die Situation nach dem Ende der DDR: „Nach der Wende war der Fisch nichts mehr wert, weil die Verarbeitungsbetriebe alle wegbrachen und die Aufkäufer, die uns den Fisch abgenommen haben. Das Fischkombinat in Sassnitz und Rostock wurde aufgelöst. Die Schiffe wurden verkauft. Damit ging es mit der Fischerei bergab und die älteren Fischer haben aufgehört. Die paar Jüngeren haben weitergemacht, bis wir eine neue Organisation gegründet haben. 1990/91 haben wir die Fischer ZAG gegründet." Die 16 bis 18 Mitglieder, auch Frauen, haben fünf Kutter und zwei, drei Boote. Jens Engelbrecht stieg ein, als der Vater in Rente ging. Die lokale Gastronomie nimmt zu wenig ab. Täglich, zehn bis 20 Flundern. „Da ist der Aufwand größer als Nutzen. Nach getaner Arbeit müsste ich jeden Tag den Fisch fertig machen und ausfahren. Da müsste man mehrere haben und dann müsste man einen extra dafür einstellen, der das macht. Wir fahren jeden zweiten Tag raus, nicht jeden Tag. Es reicht, wenn wir 18 und 20 Stunden an einem Tag arbeiten und dann nach Hause kommen. Wir fahren um 23 Uhr los und sind um 7 Uhr morgens wieder im Hafen mit dem Fang. Die Netze stehen auf dem halben Weg nach Schweden, Richtung Bornholm. Wir fahren raus, holen die Netze rein. Setzen neue Netze raus und fahren zurück nach Sassnitz. Und da beginnt erst die richtige Arbeit." Das lohnt sich, solange diese

Mengen gefangen werden können und die Genossenschaft einen anständigen Preis bezahlt. „Aber ich darf keinen Motorschaden haben und es dürften keine großen Kosten auf mich zukommen. Dann ist Feierabend. Man kauft das Schiff, plant und muss damit einen gewissen Umsatz machen, um das Schiff, Versicherung etc. zu bezahlen und es muss etwas zum Leben bleiben. Wenn man auf einmal nicht mehr fischen darf und dafür keinen Ausgleich bekommt, dann ist es wie Berufsverbot. Mein Vater hat gesagt: Wenn andere aufhören, musst du investieren! Man muss besser sein als die anderen. Wenn es gerade noch so geht, entweder schluckst du einen oder du wirst geschluckt. Habe ein Darlehen aufgenommen und ein zweites Boot gekauft. Bis 2006 waren alle Reserven aufgebraucht. Jedes Jahr hat um 30 000 Euro Umsatz gefehlt. Es tut weh. Das war reines Verlustgeschäft." Zuerst steckte er sein privates Geld in die Fischerei, dann verkaufte er sein Motorsegelboot und dann den Bootsliegeplatz. Durch die Kürzung hatte er 100 000 Euro Verlust gemacht. Viele haben das einfach nicht überlebt. Er hat seine Theorie, die erklären würde, warum die Fischerei von der Politik gesteuert wurde. Vor etwa zehn Jahren wurde die Ostsee aufgeteilt. Es sollten Windparks aufgebaut werden, Kiesabbau war im Gespräch. In den Gebieten, in denen die Windparks gebaut werden, darf nicht gefischt werden. Das sind aber die Fischgründe. Je weniger Fischer es gibt, umso weniger können klagen. Es wird in diesem Bereich keinen Fisch mehr geben, durch Geräusche, Vibrationen und magnetische Felder. Der Fisch ist sensibel, wird dort weggehen. Im landnahen Bereich, wo die Windparks stehen, wird es keinen Fisch mehr geben. Die Naturschützer wollen wiederum Vogelschutzgebiete in der Drei-Meilen- Zone einrichten. Absprachen mit Fischern? Fehlanzeige. Es scheint widersprüchlich, wenn Jens Engelbrecht anfügt: „Für mich ist es ein Traumberuf. Weil ich es so vorgelebt bekommen

habe. Vom vierten Lebensjahr an wusste ich, dass ich Fischer werden wollte. Es ist ein bisschen Freiheit." Trotz Druck von Banken und Versicherungen. „Ein Mitarbeiter ist Vollzeit eingestellt, einer Halbzeit. Die Stellen habe ich mir vor 50 Jahren gesucht. Ich war einer der Ersten, der einen Kartenplotter hatte. Der Fisch zieht. Bei Mondschein kein Fang. Man entwickelt ein Gespür, wann was gehen könnte, probiert aus, setzt die Netze mal Süd-Nord, dann Ost-West. Und – das Wasser in der Ostsee ist sehr sauber geworden."

DARSS PREROW

FANGQUOTEN

Es ist ein Sonnabendmittag und die Verkaufszeit von Uwe Pagel. Da ich eine Aufnahme machen will, muss ich warten, bis alle Kunden bedient sind. Die Tür steht nie still, „Zander?“ – „Ja, hab’ ich.“ – „Dorsch, ja eben aus dem Meer.“ – „Katzenfische?“ – „Klar.“ „Selbstgeschlachtetes gegen Selbstgefangenes?“ – „Aber sicher.“ Wann wieder geräuchert wird? „Kommen Sie nächste Woche.“ Währenddessen betrachte ich sorgenvoll die Kühltruhen. Sie brummen grausam. Wenn ich die Aufnahmen verwenden will, müssen sie alle aus. Wird er das machen? Die Kühlung unterbrechen? Er macht sie alle aus, es brummt immer noch etwas in meinem Kopfhörer. Er macht die Leuchtstoffröhren aus, die Kaffeemaschine, das Standby des Radios – beim Filetieren hört er gern Musik, erzählt mir Uwe Pagel später. Geduldig und gut gelaunt macht der Fischer alles aus. Irgendein bösartiges elektrisches Gerät brummt immer noch. Das, so hoffe ich schließlich verzweifelt, kann ein geschickter Tontechniker wegzaubern: „Fischer, dafür musste geboren sein.

Schon mein Opa damals, der hatte ja auch mit Fischerei zu tun gehabt und da hab' ich schon mit Flundern gespielt, da stand das schon fest. Ich hab' auch viel geangelt, also geangelt, ich bin manchmal gar nicht zur Schule gegangen oder zu spät gekommen zur Schule, weil ich vorher geangelt habe. Und denn ist aus dem Hobby eigentlich Beruf geworden."

Auch dieser Fischer hat einen Adventskalender, einen mit Lottoscheinen. Viel gewonnen hat er noch nicht, die meisten Scheine waren Nieten, mal 50 Cent, ein Euro höchstens, sagt er, aber er finde es spannend, auch ist erst Mitte Dezember. „Kann ja schließlich noch kommen, der große Fang, aber hauptsächlich ist das Spaß an der Freude." Verdient wird hier mit dem Fisch. „Nach der Wende waren es noch über 1 000 Fischer in Mecklenburg-Vorpommern, jetzt sind wir grad noch 250 Mann. Und die Tendenz, ich denk mal, eher nach unten. Das ist 'ne schwere Arbeit. Die Alten die hören ja auch auf, altersbedingt, und neue zu finden ... Das sind meist Familienbetriebe, wo die Jungs denn mitmachen und so. Also neue da ranzukriegen, das ist ganz schlecht. Das ist harte Arbeit, musst immer dabei sein, alles nutzen, sonst wird das nichts." Das fängt schon damit an, dass im Winter mehr gefangen wird und der Fisch etwas länger frisch bleibt. Aber da gibt es zu wenig Abnehmer. Zur Not an den Großhandel, aber das bringt nicht viel. Im Winter braucht man den Wind, weil er den Fisch bewegt, ins Netz. Ist aber zu viel Wind, verdrehen sich die Netze und das macht viel Arbeit, sie wieder auseinander zu trudeln. Im Sommer gibt's mehr Abnehmer, aber weniger Fisch. Auch wird er schneller schlecht. „Also früh aufstehen und den Dorsch am besten angeln, im Netz kippt er zu schnell um. Vormittags Filetieren und mittags muss er weg sein, der empfindliche Dorsch. Dann die Schonzeiten beachten, beim Zander von April bis Mai. Meistens früh auf der See und

Lachs
40°- 50°
60°- 70°

mittags Bodden, muss man sich beeilen, wenn der Fisch nicht frisch ist, kann man ihn nur noch wegschmeißen. Dann ist alle Arbeit umsonst. Dann noch der Papierkrieg. Man muss den Fang melden, Quote beantragen, neue EU-Richtlinien beachten."

FISCHLAND ALTHAGEN

EISSEGELN

Auf die EU ist kein Fischer gut zu sprechen. Kein Wunder, wenn man bedenkt, dass im Jahr 2020 die Quote für den Dorsch in der östlichen Ostsee bei Null liegt und nur auf eine geringe Beifangquote beschränkt ist, die 2021 nochmals um 70 Prozent gesenkt werden soll. Damit, so der Verband der Kutterfischerei, stehe „die gesamte Fischerei in der östlichen Ostsee am Rande des Ruins“. Fischer Andreas Schönthier erläutert das schwierige Verhältnis zwischen Fischern und Politik: „Die Fischerei hat keine Lobby, die Angler ja, wir haben zwei Millionen Angler, das ist natürlich ein Riesenwählerpotenzial, dem versucht man bloß nicht auf die Füße zu treten. Die Fischerei ist ganz schwierig, weil wir keine Lobby haben. Auch unser Landwirtschaftsminister steht nicht so richtig hinter der Fischerei. Die EU ist eine Katastrophe, da wird ein Geld verbrannt, das ist sagenhaft. Und die Quotierung für die Kutter- und Küstenfischerei, das ist auch zum Teil nicht richtig, was da gemacht wird, weil einfach die Zahlen, die dann freigegeben werden, nicht

stimmen. Für die Stellnetzfischerei dürfte es gar keine Quoten geben, weil man da nur Fische ab einer bestimmten Größe fängt, Jungfische zum Laichen durch die Maschen schwimmen, mit der Stellnetzfischerei kriegt man eine Fischsorte nicht ausgerottet, weil man spezifisch nur eine bestimmte Größe fängt." Andreas Schönthier stammt aus Sachsen und absolvierte zu DDR-Zeiten wie viele Fischer in Sassnitz seine Ausbildung: Fischer mit Abitur. Er studierte an der Seefahrtsschule Wustrow und wurde Kapitän der Hochseefischerei. Ein steiler Aufstieg. Bereits vor dem Ende der DDR sanierte er ein Haus am Hafen Althagen und baute mit seiner Frau und später seinen Kindern ein umfangreiches Unternehmen auf, mit Gaststätten, Pension, Räucherhaus und Brauerei mit heute 35 Angestellten. Dem Fischfang ist er stets treu geblieben. Man trifft ihn im Hafen Altenhagen, wo er im Sommer zwei Zeesboote liegen hat, eins segelt er mit seiner Hündin Gina selbst. Schönthier liebt aber auch den Zauber des Winters an der See. Er zeigt mir auf dem Handy einen Film vom Eissegeln: „Ich hab' selber auch eine große Eisjacht, aber auch Schlitten von meinem Nachbarn Krull. Das sind Transportmittel, die man früher gebraucht hat, es ging ja alles übers Wasser: Einkaufen, Handel, und im Winter übers Eis. Die Schlitten sind ja auch Fischereischlitten. Dies Jahr (2018) war im März der Bodden zugefroren. Hier ist er nur zweieinhalb Meter tief und bei Ostwind friert das zu. Das friert unregelmäßig zu, deshalb die langen Kufen, gesteuert wird mit dem Segel."

Fischlands Goethe, die Käthe, schrieb in ihrem Buch „Fischland": „Eines Morgens ist dann der Himmel wieder klar und seidenblau. Der Wind will nach Norden und ruht sich auf seinem Wege für eine Weile aus. Die letzte Nacht hat das Fischland mit Milliarden Diamanten geschmückt. Sie glitzern an allen Hecken, sie haben sogar dem Drahtzaun ein blitzendes

Festkleid übergestreift, jedem Baum, jedem Zweig, jedem Rohrhalm auf dem Dach. Man wagt kaum zu atmen, denn die Pracht sinkt unter dem warmen Hauch dahin. Leise rieseln von den Bäumen die Eisstäbchen auf den hohen Schnee und legen sich wie feine gläserne Nadeln vor den Fuß. Nur für kurze Stunden hält dieser unbegreiflich schöne Zauber an. Der Wind wacht wieder auf. Die Eisnadeln wehen durch die Luft, die Luft wird von ihrem hauchfeinen Klang erfüllt. Die Bäume und Hecken werden kahlgefegt. Da der Wind wieder aus Osten weht, setzt sich der Winter ein Weilchen auf dem Fischland fest. Es beginnt die Segelschlittenzeit."

Bei Käthe Miethe ist der „kühnste Schiffer" auf dem Eis Georg Dade, ein Vorfahr der Althagener Fischer Dade. Er war stets der Erste auf dem Eis, hieß es, und im Frühjahr der Letzte, der es verließ. Der Eissegler wusste, wo das Eis hielt und steuerte sicher zwischen den dunklen Stellen der offenen Wasserlöcher hindurch.

Auch die Kinder wollten nicht nur zu Fuß aufs Eis und so bauten Vater oder Großvater aus alten Fischkisten den Peekschlitten. Peek hieß die Fischkiste in den Zeesbooten. Knapp einen halben Meter groß mit zwei eisenbeschlagenen Kufen. Eine lange Stange mit einem Eispickel an der Spitze dient dem Abstoßen. Also das Ganze im Stehen. Die Fischländer und Darßer Peekschlitten sind ausnahmslos Eigenbauten. Das letzte Peekschlittenwettrennen gab es vor 14 Jahren im Hafen von Althagen. Der Preis für den Sieger: eine Flasche Rum.

OSTSEEKÜSTE

RESPEKT VOR SEE UND WETTER

Allgegenwärtig ist die Sturmflut von 1872, die schwerste, die die Ostseeküste von Dänemark bis Pommern erlebte. Immer wieder bei den Gesprächen im Fischerschuppen holen sich die Alten die Bilder vor Augen, die sie von den Großeltern erzählt bekommen haben. Niehagen und Althagen hat es besonders getroffen, von der Boddenseite. Es gab keinerlei Deiche. Anfang November 1872 stand die Ostsee schon sehr hoch. West- und Nordweststürme hatten das Wasser aus der Nordsee in die Ostsee gedrückt. Am 10. November blieb es windstill, alle fürchteten sich vor dem, was nach der Stille kommen würde. Über die Bodenkette strömte tagelang das Wasser von Barhöft bei Stralsund bis in den Saaler Bodden. Dann kam ein heftiger und immer härter werdender Wind aus Nordnordoost. Am 13. der Sturm, der zum Orkan wurde: „Von der einstmals langen ununterbrochenen Reihe der tief liegenden Büdnereien in Althagen stehen heute nur noch einige Häuser aus jenen Tagen, die die Flut überstanden. Das heißt, auch sie wurden ausgewaschen. Das

Wasser drang zuerst durch die Türen; dann durch die Fenster ein, allmählich löste sich der Lehm der Wände auf. Es blieben nur die Stützen stehen, die die Fächer gebildet hatten und den Dachstuhl trugen."

So Fischlands Goethe, Käthe Miethe, die die Flut auch nur vom Erzählen kannte. In einer launigen Originalbeschreibung auf Platt, die sie wiedergibt, sieht eine Familie das Wasser durch die Lehmwände kommen und den gedeckten Frühstückstisch „munter in de Stuw ümherkarjolen". Viele Häuser, die am Bodden standen, waren nicht zu retten und ihre Besitzer zogen „hoch" an den Landweg, wo sie neue Häuser entlang der Straße bauten, die damals nur ein Sandweg war. Spenden aus ganz Deutschland trafen ein und das Fischland wurde „eingedeicht". Lange betraten die Fischländer den Deich nicht, aus Ehrfurcht vor der Sturmflut. Heute, heißt es, würde eine ähnliche Sturmflut trotz einiger Schutzmaßnahmen viel größeren Schaden anrichten als vor 150 Jahren, allein deshalb, weil in den sensiblen Bereichen ohne Rücksicht gebaut wurde und wird.

Wetter und Naturgewalten spielen im Leben der Küstenbewohner eine zentrale Rolle, begleitet von Traditionen und Aberglauben. Nicht nur symbolisch bietet der Hausbaum Schutz. Gepflanzt wurde er in unmittelbarer Nähe zum Wohnhaus. Anlässlich des Hausbaus und oft zur Geburt eines Kindes. Auf dem Fischland verweist der am Haus gepflanzte Birnbaum, so sagen es manche, auf die Geburt eines Mädchens. Der Hausbaum fängt den Wind ab, bietet im Sommer Schatten. Die alten Bäume scheinen mit dem Haus eine Einheit geworden zu sein. An den jungen werden die Früchte gezählt und nur Auserwählte erhalten eine der köstlichen Birnen. Trägt er später zu viel, kann es passieren, dass die Birnen in den Bodden gekippt werden. Bricht ein Sturm den Hausbaum, ist es, als müsse man sich von einem Familienmitglied

BAA34
BAA34

verabschieden. Burckhard Dade: „Da sie hier sehr abergläubisch waren, gibt es viel Angst. Ich habe heute noch Angst vor Blitz und Donner. Vor Donner nicht so, aber dass der Blitz einschlägt. Gewitter, da hatten wir alle Manschetten vor. Dadurch wurden die Bäume so ringsherum um die Häuser gesetzt, an fast jedem alten Bauernhaus sind riesengroße Bäume. Sehr dicht. Die sind oft ziemlich groß geworden, Birnbäume, auch Eichen und Silberpappeln." Der Respekt vor dem Gewitter ist allgegenwärtig. Die reetgedeckten Häuser brennen wie Zunder, schnell kann eine Familie obdachlos werden. Die Hausbäume sollen den Blitz abfangen. Für alle Fälle stand im Haus die Gewittertasche bereit. Der alte Fischer hat sie noch: „Die Gewittertasche, hab' ich da, das ist so eine Blechschatulle, so groß wie eine Aktentasche. Drin sind der Grundbrief und all die Versicherungssachen. Die hatte meine Mutter immer extra in der Gewittertasche. Bei Gewitter in der Nacht – schlafen war nicht. Alle rausgejagt und angezogen. Wir saßen meist in der Küche. Da war dann Ruhe angesagt, es wurde nicht gegessen und nicht getrunken, nur das Gewitter abgewartet."

Gewittererlebnisse und besondere Wetterumschwünge haben sich eingebrannt. Es fällt wiederholt ein Wort, das ich vorher nicht glaubte, aus dem Munde wettererfahrener Fischer zu hören: Angst.

Ein Kollege, den sie alle kannten, mit dem sie früher gemeinsam fischten, ist beim Fischen ertrunken. Er hatte Lachsnetze gesetzt. „Die werden vom Land rausgesetzt. Ich hatte nur Flundernetze zu stehen. Ich guck abends um zehn raus. Ich sag zu meiner Frau, es ist Nordost, wir müssen die Netze holen. Mit Scheinwerfern. Und da standen Willi seine. Ich könnt die ja aufnehmen, aber dann sagt er, ich hätte seinen Lachs gemaust oder so was. Morgens um neun sind wir raus, die See war Mehl geworden und Willi war draußen gewesen, da standen viele Leute, das Boot stand an Land, das Boot war gekentert, der war nicht da, der Willi, der war ertrunken. Wir haben am nächsten Tag, als die See ruhig war, gesucht, gesucht. Ein Vierteljahr später ist er an Hiddensee angetrieben." Erzählt Heinrich Kleist, der älteste Fischer und Bootsbauer, 93 Jahre alt. Der Wetterbericht ist für die Fischer die allerwichtigste Nachricht, wie für den Banker der Börsenbericht: „Südöstliche Oostsee, Westliche Oostsee, zentrale Oostsee, Boddengewässer Oost. Nordoost bis Oost. Stellenweise Eis!"

„Wetterbericht, da hört man ja schon viel. Zum Beispiel: Gewitter, da hab' ich einen großen Respekt." Erzählt Uwe Pagel: „Ich bin grundsätzlich nicht auf dem Wasser bei Gewitter. Draußen ja, aber nicht auf dem Wasser. Da hab' ich Angst. Es gibt Sachen, die kann auch das Wetteramt nicht vorhersehen. Zum Beispiel so eine Trogbildung. Wir haben da Netze ausgesetzt. 30 Netze, wir waren drei Mann, eigentlich ein Supergebiet, aber auch ein gefährliches Gebiet bei Wind. Da lagen viele Muscheln. Da haben wir reingesetzt, da waren Flundern ohne Ende, Wahnsinn. Und was ist: Bildet sich ein Trog, dreht der Wind nachts auf Nordost. Aber richtig Stoff. Mussten das Boot schnell bergen, also mit dem Trecker nach oben ziehen. Am nächsten Tag haben wir geguckt, da flaute das ab, da war aber noch der Schwall da. Wir sind rausgefahren, gerade noch über das Reff gekommen, da bricht ja die See, aber gerade so. Und denn sind wir hingefahren. Draußen wir ja nur der Schwall. Da fassten wir die Fahne an, hochgezogen, kriegste die Netze kaum hoch, war nur – Muscheldreck, Muscheln, Holz und all dieser ganze Mist war da drin. Kaum – wir haben ein Netz zusammengenommen, das hat fast das kleine Boot ausgefüllt. Mussten wir alles abschütteln. Das war ein Wahnsinn. Da haben wir ein paar Netze abgeschüttelt, immer bloß zehn Netze, wir mussten drei Mal fahren. Das dritte Mal kamen Riesenwellen, wir waren gerade fertig, ich habe

mich gar nicht getraut nach hinten zu gucken. Mein Vater ist gefahren, ich habe nur nach vorne geguckt. Riesenberge mit Wellen. Da kam der nächste Nordoststurm. Und wir sind gerade drin, im Hafen, war die ganze Ostsee weiß. Solche Wellen. Hatten wir ein Glück. Da war Windstärke acht mit einem Mal. Da haste keine Chance mit so einem kleinen Boot. Da habe ich wirklich drei Kreuze gemacht, als ich drin war. Und dann lagen drei große Haufen mit Dreck da – aber Flundern waren auch genug drin. Da haben wir, glaube ich, eine Woche haben wir gebraucht, um den ganzen Dreck rauszupulen, Äste und Buhnenpfähle, diese ganz großen, wir konnten ja kaum hochsehen, wir mussten die ja mit den Netzen rausreißen, war keine Zeit." Uwe Pagel kommt beim Erzählen in Rage vor Ehrfurcht und Begeisterung. Ein existenzielles Erlebnis. Solche Erlebnisse prägen und schaffen Respekt vor den Naturgewalten.

Der Zufall wollte es, dass ich solch eine plötzliche Wetteränderung in milder Form selbst erlebe. Wir sind zehn Gäste auf einem Zeesboot und starten im Hafen Wustrow bei Sonnenschein. Ein Mann an der Pinne, einer sitzt bei uns und erzählt, zeigt Fotos von einer Zeesbootregatta. Wir schaudern vor Ehrfurcht, wie schräg das Boot durchs Wasser zischt, wie das Wasser sich in großen Wellen über die Reeling ergießt. Wir tuckern mit dem Motor und nur halbem Hauptsegel und kleinem Vorsegel in den Saaler Bodden. Uns werden Witzchen serviert: „Kleingeld geht unter, Scheine schwimmen oben." Aber es wird auch erklärt, wie mit diesem Boot gefischt wurde. Vorn und hinten eine Stange, Breite von etwa 30 Metern, daran das Netz, das Boot quer im Wind und das Schleppnetz hinterher. Durch die insgesamt fünf Segel wird die Höhe des Netzes reguliert, viel Arbeit. „Da sind Netze", ruft der Mann an der Pinne. Der vordere Mann arbeitet am Segel und erzählt dabei: „Die doppelte rote Fahne zeigt den Anfang des Netzes, die einzelne rote die Mitte und die

doppelte schwarze das Ende. Der Bogen zeigt, dass die Strömung durch den Wind heftig ist. Drüberfahren ist verboten, kostet bis zu 500 Euro. Die Öffnung zwischen zwei Netzen ist das Tor." Und als wir durchs Tor fahren, dreht der Wind oder wir drehen uns in den Wind und Wasserschwälle ergießen sich über uns. Immer wieder, wir sind komplett durchnässt. Ich weiß gar nicht, ob es auch geregnet hat. Der vordere Segler sagte noch den Spruch: „Kommt der Regen vor dem Wind, pack die Segel ein, geschwind. Kommt der Wind vor dem Regen, kannst du getrost dich schlafen legen." Das ist der letzte Spruch, die beiden haben plötzlich viel zu tun. Die Backbordreihe sitzt tief, fast im aufgeregten Wasser, die andere Seite hoch oben, kippen wir um? Die Segler rufen sich Absprachen zu und arbeiten hektisch und angestrengt. Ein Paar hat die Kapuzen tief ins Gesicht gezogen und schaut zu Boden. Nimm doch mal die Sonnenbrille ab, herrscht ein Mann seine Frau an. „Wer hier ertrinkt, ist bloß zu faul zum Laufen", hatte der Segler vorhin gewitzelt. Uns wird klar, der Wetterumschwung hat die beiden selbst überrascht. Eine halbe Stunde eher als vorgesehen erreichen wir den Hafen. Das Segel wird fluchend heruntergezogen und bedeckt uns, wir kämpfen uns frei. Ohne Wende legt das Boot am Kai an. Wir zahlen den vollen Preis, schließlich hatten wir was davon.

Burckhard Dade: „Das Wetter kann sich windmäßig im Nullkommanichts verändern. Das überrascht einen. Ab Windstärke fünf und sechs kann überall was passieren. Da sind hundert Meter vorm Strand oft welche ertrunken. Da ist so eine kritische Zone: Das ist dieses Reff, diese Sandbank, wo es durchbricht, die Welle dann hochkommt und einen dann umstößt. Oder man mit dem Boot aufhakt aufs Flache, entweder füllt sich das Boot voll oder es stößt das ganz und gar um, wenn man aufhakt. Das dauert gar nicht lange, da ist man ... Da kann man an Land gar nichts machen. Da haben früher manche gestanden, die haben das gesehen und konnten nichts machen. Irgendwo angehakt, an den Netzen hängen geblieben und ertrunken, vor den Augen der eigenen Familie, die am Ufer gewartet hat."

Und bei Nebel? „Ab und zu ist ja die Sonne gar nicht durch den Nebel zu sehen, oder wenn diese Jahreszeit ist, wo sie gar nicht hochkommt, dann nützt das nichts, dann irrt man da rum. Nebel ist eigentlich das Furchtbarste, was einem auf dem Wasser passieren kann. Da ist man vollkommen hilflos, weil man nicht weiß, wo man da ansetzen soll. Das wär' das Günstigste, wenn man da nicht im Fahrwasser ist, Anker werfen und warten bis der Nebel vorübergeht." Doch inzwischen macht die Technik es möglich. GPS. Ein jüngerer Fischer sagt, früher ohne GPS konnte man gar nicht im Nebel fischen. – „Doch", widerspricht einer der alten Fischer. „Zumindest im Bodden. Wir hatten immer einen Stock im Boot. Damit kann man einschätzen, was für ein Grund ist, ob Steine da und wie groß sie sind und wie tief es ist. Wenn man sich auskennt, weiß man dann, wo man ist."

Uwe Pagel legt bei der Frage nach dem Nebel den Kopf schräg: „Ja, das fischt eigentlich ganz gut. Dann sehen ja auch die Fische die Netze nicht. Im Nebel." Der Fischer kichert lange. Und sein Helfer sagt: „Wenn der in Rente geht, dann macht der Hafenrundfahrt."

FISCHLAND WUSTROW

ABERGLAUBEN

„Dar wöör maal eens een Fischer un syne Fru, de waanden tosamen in'n Pißputt, dicht an der See und de Fischer güng alle Dage hen un angeld: un he angeld un angeld. So seet he ook eens by de Angel un seeg jümmer in dat blanke Water henin: un he seet un seet."

Da war einmal einst ein Fischer und seine Frau, die wohnten zusammen in einem Pisspott dicht an der See und der Fischer ging alle Tage und angelt: und er angelt und angelt. So sitzt er auch einst bei der Angel und sah immer in das blanke Wasser hinein: und sitzt und sitzt.

Es gibt einige Fischermärchen. Aber das „Von dem Fischer un syner Fru" ist wohl das schönste. Es ist in den Kinder- und Hausmärchen der Brüder Grimm auf Plattdeutsch wiedergegeben, so wie es Philipp Otto Runge 1806 nach einer mündlichen Version niedergeschrieben hatte. Mir geht es jetzt nicht um das eigenartige Verhältnis des Ehepaars zueinander, die immer maßloseren Wünsche der Frau und er als ihr Überbringer der Wünsche, sondern um die Naturbeschreibung, die fast die Hälfte des Märchens ausmacht, nämlich wie die See im Laufe der Handlung immer wilder, farbiger und ungezügelter wird. Zu Beginn ist es jedoch ein Bild der Ruhe: „Da saß er auch einst bei der Angel und sah in das blanke Wasser hinein: und er saß und saß." Heute sagt der Fischer Folgendes: „Motor, Möwe, Wind – und keiner labert rum." So weit scheint das nicht auseinander. Alle Fischer erzählen, wie schön es allein auf dem Wasser ist.

Die Segler unter meinen Freunden sagten, das kannst du dir aus dem Kopf schlagen, das Mitfahren beim Fischen, die Fischer denken, das bringt Unglück, eine Frau an Bord. Da dachte ich und behielt es lieber für mich, vielleicht gilt das auf einem Segelboot.

Wir stehen am Wustrower Hafen, die Kirchturmuhr zeigt halb acht, Fischer Michael Unger wird demnächst mit seinem Fang vom Saaler Bodden eintreffen. Es ist Anfang Juni, die Schonzeit für Zander ist eben vorbei. Wir warten. Geduld ist die wichtigste Voraussetzung, wenn man mit einem Fischer reden will, ihm bei der Arbeit zuschauen, ihn fotografieren will. Im Hafen ist es still, die Badegäste schlafen noch. Wir warten. Die Kirchturmuhr schlägt acht Mal.

Da kommt er, sagt Iwona plötzlich. Das Dreieck eines Bootsbugs in Fahrt wird sichtbar. Der Fischer steht am Steuer. Wir hören den sich nähernden Motor, Unger steuert das Boot wie jeden Tag in den Hafen an seinen Liegeplatz. Befestigt die Leine vorn, die Leine hinten. Die Ruhe und Konzentration beim Anlegen stören wir nicht mit unserem Gruß. Erst als er den roten Fischkasten auf die Kaimauer emporhebt und wir sieben Zander darin sehen, bricht Iwona das Schweigen. „Ja, ist mau zurzeit", antwortet der Fischer, „kein Wind und sie sind noch träge vom Laichen." – Hat er nur eine

Kiste mitgenommen, weil er abergläubisch ist? Ja. Und wenn er doch mehr fängt? Dann kommen die ins Boot. Unger wirft Netze in die Plastegefäße. Rotalgen, die müssen ab. – „Die sieben Zander sind sicher schon vergeben?" Ja. Dennoch folgen wir ihm zu dem Haus, wo er die Fische küchenfertig macht. Sein Schuppen ist penibel aufgeräumt, von der Decke hängen Netze, Reusen, das Fanggeschirr. Das wird alles im Winter vorbereitet, repariert und gerichtet, damit der Fischer nun nur noch danach greifen muss. Wir dürfen uns umschauen: Der Schuppen ist ein Museum, Ungers Vater sammelte Steine, unglaublich, was alles aus der See kommt: Seeigel, Seesterne, Bernstein in allen Größen mit eingeschlossenen Pflanzen und Insekten. Klappersteine, Hühnergötter in allen Größen bis zum Sassnitzer Blumentopf. Er selbst sammelt Positionslaternen aus der Zeit, als sie noch mit Petroleum betrieben wurden. Was wird später aus den Sammlungen? Unger zuckt die Schultern, er versteht nicht, dass Wustrow mit seiner langen Seefahrts- und Fischereigeschichte kein Museum hat und auch keines plant.

Ein paar Tage später darf ich mit raus zum Fischen. Zehn vor sechs stehe ich am Liegeplatz im Wustrower Hafen. Darf mich in den Bug setzen mit dem Rücken nach vorn, der Fahrtwind spritzt mir Wasser ins Gesicht. Der Fischer fährt seine Stellen an. Stellt den Motor aus und zieht sich an den Netzen voran. Zappelt ein Fisch im Netz, klemmt er die Oberleine unter den Arm und pult den Fisch aus den Maschen. Dabei knirschen die Gummihandschuhe. Die größeren Fische wirft er ins Boot, die kleineren über Bord. Möwen schießen herbei. Sie sind wählerisch. Setzen sich wieder auf die Wellenkämme und beobachten den Fischer. Der hat zu tun, das aufgedrehte Netz auseinanderfitzeln. Die Enden der Oberleine zusammenknoten, die ein Segelboot zerfetzt hat, obwohl die Netze durch Fahnen gekennzeichnet sind.

Als ich am Abend im Fischerschuppen bei Dades stolz erzähle, dass ich auf dem Boot mit war, nickt der alte Fischer, es hat sich schon rumgesprochen und man staunte, dass Fischer Unger mich mitgenommen hatte.

Iwonas Erlebnisse haben da schon eine ganz andere Dimension. Seit 2009 pflegt sie Kontakte zu Fischern auf Rügen und sie fuhr mehrfach mit, durfte die Fischer bei der Arbeit fotografieren. Sie sagt: „Es fühlte sich gut an, in eine fremde Welt einzutauchen und für kurze Zeit zu vergessen, wer ich war. Über die Jahre entwickelte sich ein Vertrauensverhältnis zwischen einigen der Küstenfischer und mir. Immer wenn ich auf Rügen war – was einige Male im Jahr vorkam –, besuchte ich sie und schaute ihnen bei der Kunst des Fischens zu. Manchmal nahmen sie mich an Bord, wenn sie aufs Meer fuhren und teilten mit mir ihre Brote und den heißen Tee nach getaner Arbeit. Sie gaben mir ihr Ölzeug und lehrten mich, den Hering aus den Maschen zu pulen. Als ich einmal ihren Spuren in die entlegene Hütte folgte, in der sie ihre Netze flickten, schickten sie mich nicht weg. Sie ließen mich an ihrem Leben teilhaben."

Gemeinsam besuchen wir im Juni 2018 Heinrich und Luise Kleist in Prerow. Zu unserem Erstaunen entdecken wir zufällig „unsere" erste Fischerin. Luise Kleist fand das Leben mit dem ständig auf See abwesenden Mann langweilig: „Ich hab' gedacht, jeden Tag einen Brief schreiben, wenn die wochenlang auf Hering gehen. Und warten, bis der Mann wiederkommt – was soll ich machen, ich komme mit. Die von der Genossenschaft waren alles andere als begeistert: Das geht doch nicht, da ist noch nie eine Frau mitgefahren. Als Letztes fiel dem Vorsitzenden die Toilettenfrage ein. – Da nehm' ich mir ein Eimerchen mit und fertig, ich kann ja nicht über Bord pinkeln wie die Männer. Da hat der Vorsitzende von der Genossenschaft in Barth gedroht,

mich mit der Wasserschutzpolizei von Bord holen zu lassen. Und dann kam die Wasserschutzpolizei bei uns längs und der haben wir das alles erzählt. Die wollten einen Eimer Heringe haben, mehr nicht. Wie die Männer habe ich anderthalb Monate auf dem Kutter gearbeitet, bei schwerstem Wetter auf See, jeden Tag zwölf Stunden."

Luise Kleist ist eine tatkräftige Person. Sie ist die Tür zu ihrem Mann Heinrich, der mir seine Tagebücher zeigen will, die er seit Jahrzehnten führt. Er wolle gern auf dieser Grundlage seine Lebenserinnerungen schreiben. Er fragt mich, ob er mit mir mal darüber reden könne. Doch Frau Luise lässt mich gar nicht mehr mit ihrem Mann sprechen. Als ich am Telefon einen Termin ausmachen will, wird mir beschieden, dass sie kein Interesse hätten und die Lebenserinnerungen allein machen wollen: „Das müssen Sie akzeptieren." Keine Chance zu klären, dass ich nichts von ihm wollte, sondern er von mir.

FISCHLAND UND RÜGEN

NETZPFLEGE

Im Fischerschuppen der Dades wollen wir einen Termin zum Fotografieren ausmachen. Ich stelle Iwona vor. Doch wir kommen nicht zum Zuge. Besuch. Der meinte: „Das ist neu, früher kamen hier keine Frauen rein!" Für den nächsten Tag denken wir uns eine Strategie aus. Ich halte die Besucher ab und Iwona fotografiert. Doch es ist Vormittag und die Besucher tauchen lieber abends auf. Dennoch halte ich meine Stellung unter dem Birnbaum und ich sehe durch die geöffnete Tür zu. Wie ein Brautschleier fällt das Netz von einem Haken im Türrahmen des Fischerschuppens. Zart, weich und weiß nimmt das Gewebe zum Boden hin zu. Der alte Fischer sitzt auf einem Hocker, ein Stück Saum des „Brautschleiers" in den Händen, in den er die Bleileine fädelt. Die Morgensonne scheint in den Schuppen und lässt die Nylonmaschen schillern. Hier sehe ich erstmals einen Mann mit einer Art Nadel in der Hand, den Knüttelsticken, mit dem er Schwimmleine und Bleileine an das „Blatt", also an das Netz, anbringt. Nähen scheint nicht das richtige

HR25
Permanent Marker
Wat mut dat mut!

Wort, Knoten auch nicht, Knütteln eben. Das macht heute keiner mehr. „Sie kaufen's fertig mit Schwimmleine oben und der längeren Bleileine unten. Zu viel Fummelei. Aber ich hab' Zeit." Er schaut auf den Bodden, wo der Zander Stinte schluckt. Irgendwann steckt er in diesem Netz. Zeit scheint hier eine andere Kategorie. „Wenn ich Netze knüttel, mach ich auch das Radio aus und hör, was hier so los ist, hör den Vögeln zu ... Die Nadel ist aus England, Vorkriegsware. Tja, all die alten Sachen, was mit denen wird, jetzt wo der Cousin verstorben ist. Wird wohl verschleudert. Der hatte ja die Sachen vom Richard, dem Großvater. Ich hab' die –" Er zeigt auf eine alte Waage, daneben ein Kästchen mit Gewichten. „Wie viele Aale da schon drauflagen."

Zwei Stunden fotografiert Iwona. Dade arbeitet konzentriert, erzählt etwas, schweigt aber auch lange. Wenige Monate später ist er verstorben. Mit ihm die Geschichten, die er im Fischerschuppen seinen Besuchern erzählte und sein Wissen über das Fischerhandwerk, wie er es vom Großvater gelernt hat. Ich konnte nur Bruchstücke festhalten. Auf einer Aufnahme erzählt er von der aufwendigen Netzpflege in vergangenen Zeiten: „Früher, als es noch die Baumwollangeln und auch -netze gab, die waren teilweise aus Hanf und Baumwolle, die Oberleinen teilweise aus Sisal. Ganz selten gab es das Innengarn, also die Maschen, aus Seide, das war natürlich was ganz was Feines, kostete aber bedeutend mehr Geld und das haben die meisten gar nicht gehabt. Diese natürlichen Fasern bedurften immer der Pflege, nach zwei, drei Mal Tätigkeit musste man das richtig alles entknoten. Und jedes Mal mussten die Netze getrocknet werden. Die Zeese vom großen Boot, die wurde auf eine spezielle Art und Weise geteert. Und immer im Sommer nachgeteert. Da war eine Mixtura von Margarine, Tran, Kohlenteer, Steinkohlenteer, die wurde heiß gemacht und verdünnt und das Netzwerk da eingetaucht. Und an einer

Stellage aufgehangen, die Fluchten und der Netzsack. Da bildet sich eine Borke obenauf auf den Knoten, das ist dann ein gewisser Schutz, sonst wird das so lodderig, so richtig weich und ausgewaschen."

Iwona trifft auf Rügen im Thiessower Hafen Ferdinand Prezel und seinen Sohn Christoph. Ihre Aalreusen sind noch aus Baumwollnetzen, die sie vor der Saison knüpfen und nähen. Sie tauchen die Netze in eine Imprägnierung ein. In der Nacht zuvor ist Vollmond gewesen und sie planen, in wenigen Tagen die großen Aalreusen vor Arkona zu setzen. Dort sollen sie für ein Vierteljahr im Wasser stehen und alle zwei Tage geleert werden. „Aale sind schlaue Tiere, nach einer Zeit finden sie den Weg aus der Reuse heraus. Hat sich einer befreit, folgen ihm andere."

BARTH

VINETA?

„Wisse nun noch, dass die silbernen Glocken der versunkenen Stadt am Johannistag in der Mittagsstunde aus der Tiefe heraufklingen, dass aber jeder, der ihren dumpfen, traurigen Tönen lauscht, eilends davongehen muss. Er wird sonst von ihrem Klang unwiderstehlich angelockt und folgt ihm nach, bis er selbst da drunten ruht." So heißt es in der Sage von der versunkenen reichen Stadt Vineta.

Ein Archäologe und ein Kunsthistoriker behaupten in ihrem Buch „Vineta. Die Wiederentdeckung einer versunkenen Stadt" Vineta hätte vor Barth gelegen. Unstrittig ist, dass Vineta an der Odermündung gelegen haben soll. Aber die Oder hat keine eindeutige Mündung in die Ostsee. Aus dem Oderhaff fließen die Dievenow, die Swine und die Peene nach Norden. Entsprechend wurde Vineta auf der Insel Wolin, auf Usedom und am Greifswalder Bodden verortet. Die beiden Autoren versuchen nachzuweisen, dass die Oder im 12. Jahrhundert, als Vineta unterging, nördlich von Schwedt quer hinüber zum Fischland ging und mit dem Störtebeckerkanal oder der Recknitz in die See. Sie nennen sie „die vergessene Odermündung". Nachgewiesen haben sie das mit einige Funden und vor allem mithilfe sprachwissenschaftlicher Untersuchungen auf dem Fischland. Die Fischer auf dem Fischland beeindruckt das gar nicht, Show sei das, Geschäft. „Kann mir nicht vorstellen, dass da Vineta gelegen hat." Weder, dass die Oder mit dem Störtebeckerkanal das Fischland östlich begrenzte, noch dass Vineta ganz in ihrer Nähe gesunken sein soll.

Über die Meiningenbrücke fahre ich in die Vinetastadt Barth und gehe ins Vinetamuseum. Es zeigt die drei Vineta-Versionen und natürlich die von Barth. Ich bin die Einzige hier und auch nicht sonderlich beeindruckt. Aber da höre ich eine Stimme, die mir bekannt vorkommt, ich schau auf das Video, das auf einem kleinen Monitor läuft: Da ist mein Bauerfischer aus Barnstorf und er hält eine Spante in die Kamera. Am nächsten Tag sitze ich in seiner Küche. Diese Spante soll beweisen, dass Vineta vor Barth gelegen hat? Günter Peters hat immer wieder Schiffsteile beim Pflügen gefunden, und bei einigen ist er sich sicher, dass sie zum selben Wrack gehören. Sie kommen bei Sturm mit der Strömung. Oder bei Hochwasser.

Er vermutet das gesunkene Schiff in der Nähe der Meiningenbrücke bei Barth. Beim Neubau der Brücke vor wenigen Jahren war eine Luftaufnahme gemacht worden. Dort sah man im Schilf ein Loch, und dort, meint er, liege das Schiff. „Da sind Schilfwurzeln in die Planken hineingewachsen. Die Planken sind voller Rohrwurzeln. Und nach einer gewissen Zeit, nach 50 Jahren etwa, ist eine Hohlschicht entstanden und das Schilf oben bildet auch wieder eine feste Schicht, dann kann man zuletzt schon obendrauf gehen. Und wenn das Wasser steigt, dann geht diese Fläche mit hoch und reißt diese Wurzeln mit den Planken unten raus aus dem Schiff. So stell' ich mir das vor, und die kommen dann bei dem extrem hohen Wasser hier angetrieben. Und dieses Holz hab' ich abgegeben, nach Schwerin und dann ging es von Schwerin nach Berlin. Ein Doktor Förster hat das in die Hand genommen. Von dort hab' ich dann ein Gutachten über das Stück bekommen. Und ein paar Jahre später bei ganz extremem Hochwasser, da ist das zweite Stück angetrieben, vermutlich auch wieder von demselben Schiff."

Ich frage bei dem Unterwasserarchäologen Doktor Thomas Förster an, ob das möglich sei, dass die Spanten des Bauern dazu beitragen könnten, die Existenz Vinetas bei Barth zu beweisen und er antwortet: „Bei den von Herrn Peters gemeldeten Teilen – und bei weiteren Wrackteilen, die wir bei Tauchuntersuchungen finden konnten, handelt es sich um Planken und Spanten, die vermutlich zu mehreren geklinkerten Fahrzeugen gehörten. Die Klinkerung ist typisch für den Bootsbau der Skandinavier und Slawen. Einige Hölzer konnten dendrochronologisch in die erste Hälfte des 12. Jahrhunderts datiert werden." Das könnte zeitlich stimmen, Vineta versank im 12. Jahrhundert. Jedoch steht Förster der Theorie der beiden Autoren skeptisch gegenüber: „Die Thesen von Goldmann/Wermusch für die Gegend von Barth ließen sich bislang nicht durch archäologische Funde belegen und sind bei Fachkollegen auch sehr umstritten."

Eine Mitarbeiterin im Museum Prerow zeigt mir einen Schatz, der den beiden Autoren bei der Beweisführung diente: „Ein Beweis war dieser Münzschatz, der hier gezeigt wird, es ist ein Hacksilberschatz aus der Zeit der Völkerwanderung. Und stammt aus Persien. Und könnte natürlich Rückschlüsse bilden, dass es hier, er wurde hier im Dünensand ge-

funden, einen Handelsplatz gab, wo man mit solchen Mengen Silber auch handelte. Vielleicht auch Bernstein eintauschte, wie auch immer, was damit gehandelt wurde." Die Museumsmitarbeiterin glaubt selbst nicht an die Theorie. Dazu müssten archäologische Untersuchungen auf der Boddenseite durchgeführt werden. Sie selbst ist manchmal schon überfordert mit den häufigen Wrackfunden auf der Seeseite am Darßer Ort. Bei bestimmten Wetterbedingungen tauchen sie auf. Dann wenden die Finder sich ans Museum: „Und dann kam im Sommer ein Mann ganz aufgeregt an und sagte: Ja, und er kommt vom Weststrand und da liegen ganz große Wrackteile herum und das müsste man doch absperren und ich sollte doch was machen. Ich, was soll ich denn jetzt machen, und habe beim Nationalpark angerufen und die wussten auch nicht weiter. Da hab' ich Dr. Förster angerufen und er war aber gerade unterwegs, ach Frau Pagel, ich bin hier gerade bei Kap Arkona bei Tauchgängen, ich kann nicht kommen, aber ich schick Ihnen jemand, der in der Nähe ist."

Und wenn die Wracks geborgen werden können, wie in diesem Fall, gehen die Probleme erst richtig los. Wohin damit? Wie erhalten? Wer bezahlt das? Denn im Wasser zernagt schlimmstenfalls der Schiffsbohrwurm die Wracks, ansonsten liegen sie dort unter guten Bedingungen. An der Luft aber trocknen sie aus und zerfallen. Sie müssen also regelmäßig besprüht werden bis sie irgendwann konserviert werden können.

Ja, hier liegen viele Wracks, der Fischer aus Althagen kann mir auch gleich zwei Stellen sagen. Während mich das elektrisiert, dass ich hier über versunkene Schiffe gehe, über Geschichte!, regt das die Fischer nicht sonderlich auf. Und schon gar nicht die olle Sage von der untergegangenen reichen Stadt. Ob die nun hier liegt oder dort, wen juckt's.

Ich bin ein bisschen enttäuscht von „meinen“ Fischern. Es ist doch ein Fischer, der dem Jungen erklärt, wie das mit Vineta funktioniert, nur eben zu spät: „Als er sich umwandte, schimmerte vor ihm in der Sonne nur wieder die See und nichts war mehr zu sehen von der schönen alten Stadt, von Pracht und Glanz. Lautlos, wie sie emporgestiegen, war sie wieder in den Fluten versunken. Betrübt und nachdenklich saß der Junge noch am Strand, als ein alter Fischer vorbeikam, sich zu ihm setzte und ihn ansprach: Höre, wenn du ein Sonntagskind bist, so kannst du heute, am Ostermorgen, die Stadt Vineta aus dem Meer steigen sehen, die hier vor vielen, vielen Jahren untergegangen ist.“

JUNG UND ALT

FISCHERFAMILIEN

In Barnstorf auf dem Fischland gibt es entlang des Weges eine Reihe sehr alter Weiden. Manche treiben schon gar kein Grün mehr, aber keiner sägt sie ab oder rodet sie gar. In einem der Baumstümpfe wächst ein junger Holunder, seine champagnerfarbenen Blüten geben dem uralten Baum Glanz. Was für ein symbolträchtiges Bild. Der Alte gibt dem Jungen Halt. Der Junge dem Alten Würde durch Gebrauchtwerden. So gaben sich über Jahrhunderte die Generationen der Fischerfamilien Halt.

Selbst in der DDR-Zeit war das Fischen ertragreich, wie uns die Fischer erzählten. In den Genossenschaften arbeiteten die Generationen, die Familien gemeinsam beispielsweise an den großen Kumreusen. Nach der Wende zerfielen die Genossenschaften und das gemeinschaftliche Eigentum. Die Fischer sind heute auf sich allein gestellt. Auf manchen Booten arbeiten Väter und Söhne oder Brüder zusammen. In einigen Fällen helfen sich Kollegen gegenseitig. Martin Pretzel aus Thiessow auf Rügen, dessen drei Söhne

ebenfalls Fischer wurden, bedauert, dass die Wende eine Gleichgültigkeit in der Gemeinschaft mit sich brachte: „Es trifft sich keiner mehr irgendwo. Betriebsfest, Reusenfest – alles findet nicht mehr statt. Heute arbeitet jeder für sich und nicht mit den anderen." Er hat vieles versucht. Eine genossenschaftseigene Fischverarbeitung im Hafen errichtet, Forellenzucht betrieben, leistungsfähigere Boote gebaut und sich für die Gemeinschaft eingesetzt. Früher hat Pretzel sich mit Politikern, auch mit der Bundeskanzlerin Angela Merkel, an einen Tisch gesetzt und zur schwierigen Lage der kleinen Küstenfischer ein klares Wort gesprochen: „Jedem von ihnen 100 Tonnen geben. Damit können sie leben und auf Quoten und lange Sitzungen kann man verzichten." Er hörte erst mit dem Fischen auf, als er im Alter von 79 Jahren erkrankte.

Bei manchem Fischerssohn dauerte es länger, bis er sich für den Beruf der Vorfahren entschied. Mattias Orth aus Wiek auf Rügen wollte zunächst nicht den Familienbetrieb in vierter Generation weiterführen. Abitur, Wehrdienst, Informatikstudium, dann Wirtschaftsingenieur. Während seines Praktikumssemesters arbeitete er bei der Entwicklung des Prototyps von Smart und stellte plötzlich fest, dass im Büro sitzen nicht seine Welt ist. Er wollte frei und selbstbestimmt leben, für seinen Unterhalt sorgen und nicht in Abhängigkeit von Firmen. Vor allem aber: auf dem Wasser sein, an der frischen Luft und mit der Natur arbeiten. Er entschloss sich gegen den Raubbau und für einen umsichtigen und nachhaltigen Umgang mit der Tierwelt, gegen das Umpflügen der Meere und für die Stellnetzfischerei, wie er seinen Entschluss, Küstenfischer zu werden, begründete. Matthias' Vater war über diese Entscheidung nicht sonderlich erfreut. Peter Orth hatte bereits seit einem Jahr die Seemannsrente bezogen, die nun zurückgezahlt werden musste. Es

hieß für ihn, die Kapitänsmütze wieder aufzusetzen und sich erneut daran zu gewöhnen, die Gummistiefel um drei Uhr in der Nacht anzuziehen, um bei Sonnenaufgang an den Netzen zu sein. Solange Matthias die nötigen Patente nicht in der Tasche hatte, war er auf die Hilfe seines Vaters angewiesen. „Die Jungen haben Kraft und die Alten Erfahrung" – mit diesem Spruch ist Matthias Orth aufgewachsen. Die alte Weide und der junge Holunder.

Auch Stefan Dade aus Althagen schulte erst mit Ende 20 vom Mechatroniker zum Fischer um, auch er bereut den Wechsel zum Beruf seiner Vorfahren nicht: „Die Arbeit ist körperlich schwer, Berufskrankheiten sind Gicht, Rheuma und Rücken. Du bist ständig nass, dreckig und stinkst. – Aber man ist sein eigener Herr." Das gilt für alle Fischer, die noch da sind, der Glaube an die eigene Kraft. Der kleine Trabant des Glaubens, der Aberglauben ist nur noch eine Episode, doch immer noch nicht ganz verschwunden. Ob mit dem rechten Fuß aufstehen oder eine Fischschuppe im Portmonee (es muss schon eine große sein, eine Karpfenschuppe), eine gewisse Ehrfurcht vor dem Freitag, besonders dem 13. Selbst Uwe Pagel in Prerow, der wie alle Fischer nichts vom Aberglauben hält, meint: „Die alte Fischmütze auflassen. Kaufst du eine neue, dann fischt es nicht. Das hat mein Vater immer gesagt. Der hat die voll Schuppen gehabt, die Mütze. Er hat immer gesagt, die wird nicht gewaschen, die bleibt so."

An einem herbstlichen Morgen ging Iwona zum Thiessower Fischerschuppen und sah, dass der Schlüssel in der Tür steckte. Frohen Mutes trat sie ein und grüßte. Auf zwei weit auseinanderstehenden Stühlen saßen Männer, die kurz aufblickten und den Gruß erwiderten, um dann gedankenversunken ihr Schweigen fortzusetzen. Es war einer der Pretzelbrüder und ein alter Fischer, den sie bisher nicht kannte. Sie stellten keine Fragen und erwarteten auch keine Erklärung für Iwonas Anwesenheit. Sie wärmte sich die Hände an dem Kachelofen, sagte etwas über das Wetter und blieb einfach da. Die Gelassenheit und innere Ruhe der beiden Fischer imponierten ihr.

Unsere Begegnungen mit den Fischern haben uns geprägt. Den Fisch auf unserem Teller schauen wir nun mit anderen Augen an. Denn er stammt von einem der letzten selbstständigen Fischer der Ostseeküste. Aber – noch sind sie da! Und stolz auf ihr Handwerk: „Du bist ständig nass, dreckig und stinkst. Aber man ist sein eigener Herr."

Iwona Knorr, geb. 1963, seit 2009 Fotokünstlerin, u. a. „Zum Fischen geboren“ (2014), ein Fotobuch über die Küstenfischer von Rügen. Mitglied des Bundesverbands Bildender Künstlerinnen und Künstler (BBK) und der Deutschen Gesellschaft für Photographie (DGPh).

Simone Trieder, geb. 1959, seit 1992 freiberufliche Autorin. Theaterstücke, Erzählungen, Sachbücher, Radiofeatures. Zuletzt im Mitteldeutschen Verlag erschienen: „Unsere russischen Jahre“ (2018), „Sinti in der DDR. Alltag einer Minderheit“ (2020), mit Markus Hawlik-Abramowitz. Mitglied im PEN und seit 2019 im Präsidium.

WIR DANKEN FÜR DAS VERTRAUEN

Maik Ahrens, Wiek auf dem Darß; Jan Brandt, Baabe; Burckhard Dade, Althagen; Hans Dade, Althagen; Stefan Dade, Althagen; Joachim Damp, Neu Reddevitz; Mathias Damp, Neu Reddevitz; Peter Dumrath, Thiessow; Jens Engelbrecht, Lauterbach; Charles Heuer, Baabe; Wolfgang Kafka, Born auf dem Darß; Heinrich Kleist, Prerow; Florian Koldevitz, Gager; Thomas Koldevitz, Gager; Jens Lewerenz, Dierhagen; Benno Mundt, Baabe; Matthias Orth, Wiek; Peter Orth, Wiek; Uwe Pagel, Prerow; Hans Peper, Thiessow; Günter Peters, Barnstorf; Detlef Pleinis, Thiessow; Mario Pleinis, Thiessow; Ferdinand Pretzel, Thiessow; Martin Pretzel, Thiessow; Wolfgang Pretzel, Thiessow; Andreas Schönthier, Althagen; Michael Thürke, Vitte Hiddensee; Michael Unger, Wustrow; Gerhard Wünsch, Niehagen

Und vielen anderen, die hier nicht namentlich genannt werden und dennoch wesentlich dazu beigetragen haben, uns das Fischerhandwerk und -leben zu vermitteln.

Wir danken dem Parlamentarischen Staatssekretär für Vorpommern, Herrn Patrick Dahlemann, für die Förderung aus dem Vorpommernfonds sowie dem Künstlerhaus Lukas Ahrenshoop.

Mecklenburg Vorpommern
MV tut gut.

Parlamentarischer
Staatssekretär für Vorpommern
Vorpommern-Fonds

Bibliografische Information der Deutschen Nationalbibliothek
Die Deutsche Nationalbibliothek registriert diese Publikation in der Deutschen Nationalbibliografie; detaillierte bibliografische Daten im Internet unter https://dnb.de.

1. Auflage

www.mitteldeutscherverlag.de

Gesamtherstellung: Mitteldeutscher Verlag, Halle (Saale)

ISBN 978-3-96311-549-3

Printed in the EU